A PERFECT GUIDE FOR INSTALLATION AND OPERATION OF WINACTOR, THE NO.1 RPA TOOL

Ver
7.5
対応

徹底解説 RPAツール

WinActor

導入・応用 完全ガイド

監修・NTTアドバンステクノロジ株式会社
執筆・SBモバイルサービス株式会社
藤田 伸一、石毛 博之、横田 将一、山下 真智子

秀和システム

⚠**本書のサポートページ**

https://www.shuwasystem.co.jp/support/7980html/7219.html

⚠本書で紹介しているソフトウェアのバージョンや URL、メニュー名などの仕様は、2024 年 9 月現在のもので、その後変更される可能性があります。

■**注意**
- 本書は著者が独自に調査した結果を出版したものです。
- 本書は内容において万全を期して製作しましたが、万一不備な点や誤り、記載漏れなどお気づきの点がございましたら、出版元まで書面にてご連絡ください。
- 本書の内容の運用による結果の影響につきましては、上記二項にかかわらず責任を負いかねます。あらかじめご了承ください。
- 本書の全部または一部について、出版元から文書による許諾を得ずに複製することは禁じられています。

■**商標**
- 本書では ™ ® © の表示を省略しています。
- WinActor は NTT アドバンステクノロジ株式会社の登録商標です。
- WinDirector は株式会社 NTT データの登録商標です。
- その他、社名および商品名、システム名称は、一般に各開発メーカの登録商標です。
- 本書では、登録商標などに一般に使われている通称を用いている場合があります。

はじめに

　現在は生成AIの進化に見られるように、これまでにない速さでテクノロジーが進化し人々の働き方も急速に変化していく時代です。

　一方で、生成AIによる広範囲な業務効率化は大量の定型作業を生み、手足のように動くRPAのようなソリューションの必要性はますます高まっています。

　これまで人が行ってきた大量の定型作業をノンプログラミングで自動化できるRPAツールであるWinActorを、初心者の方から上級者まで有効に活用していただけるよう本書を執筆しました。

　今回のVer.7.5では、WinActor最大の特徴である「現場フレンドリー」の思想を一層深化させ、初心者はもちろん上級者にとっても対応可能で誰もが使いやすいRPAへ進化しています。

　初心者にも簡単にシナリオを作成できるようにするため、ガイドに従って設定を進めるだけでシナリオを作成できる、シナリオ作成ガイドが追加されています。さらに生成AIと連携してWinActorシナリオを作成できる、OpenAIまたはAzure OpenAIを利用したシナリオファイルのひな型作成機能が追加されています。

　また、安定してRPAの運用を行うためにはUIの変更等によるエラーが発生した際に円滑に保守していくことが不可欠であり、今回の改訂ではその辺りもより詳しく記載しました。

　WinActorの導入にあたり本書を有効にご活用いただければ幸いです。

　本書では初心者の方にもなるべく分かりやすく記載しておりますので、是非皆様の業務効率化にお役立てください。更にサポートが必要な場合には、SBモバイルサービスでは導入から保守まで幅広いサービスを提供しておりますので、HPよりお気軽にお問合せください。

　本書をお手にとっていただいた読者のみなさまの業務効率化、自動化に貢献できることを願っております。

2024年9月

SBモバイルサービス株式会社

藤田 伸一

目次

はじめに iii

第1章 RPAの基礎 1

1-1 RPAとは 2
1-1-1 起源 2
1-1-2 日本の課題とRPAの登場 3
1-1-3 RPAの段階 4

1-2 基本情報 5
1-2-1 RPAに適した業務 5
1-2-2 相性の良い業務 6
1-2-3 RPAのメリット 7
1-2-4 RPAツール 8

1-3 成功の秘訣 10
1-3-1 推進体制の構築 10
1-3-2 RPA以外の業務効率化手法 12
1-3-3 BPR 13

1-4 ワンポイントアドバイス 13
1-4-1 100%を狙わない 13
1-4-2 主役は業務担当者 14

第2章 開発検討から運用までのプロセス 15

2-1 RPA導入を始める前に知っておくべき
重要なポイント 16
2-1-1 具体的な目標、規模、体制の整理 17
2-1-2 RPAの導入体制は業務部門主導型 18
2-1-3 効果と範囲 19
2-1-4 リスクの評価 19

2-2 役割ごとのモチベーションの高め方 20

目 次

| 2-3 | 事前評価（RPA ツールの選定と導入判断） | 21 |

2-3-1　事前評価プロセス 22

| 2-4 | 本格導入プロセス
（業務選定・開発・評価と運用） | 26 |

2-4-1　対象業務のリスト化 26

| 2-5 | 効果を見極めて開発業務と開発範囲を選定 | 28 |

2-5-1　業務の見直し 29

2-5-2　業務の可視化（現業務の棚卸） 30

| 2-6 | 誰が見ても分かるフロー図の作成 | 31 |

2-6-1　条件分岐を明確にする 35

| 2-7 | 例外、エラー時の処理は
明確なルールを設定する | 37 |

| 2-8 | RPA における DevOps と
アジャイル開発 | 38 |

| 2-9 | シナリオの開発〜マニュアルの作成 | 40 |

| 2-10 | イレギュラーパターンも含めたテストの実施 | 42 |

| 2-11 | 導入初期の評価ではあまり時間をかけない | 44 |

| 2-12 | 運用保守 | 45 |

2-12-1　運用保守に必要な情報 45

2-12-2　運用保守の対応履歴 48

第3章　WinActor とは 51

| 3-1 | WinActor の特徴 | 52 |

| 3-2 | ソフトバンクが WinActor を選んだ理由 | 53 |

| 3-3 | WinActor の導入において気を付けるべきこと | 55 |

3-3-1　ソフトウェアの入手方法とライセンスの種類 55

3-3-2　クライアント PC の占有 58

3-3-3　学習コンテンツの不足 58

目　次

| 3-4 | WinActor のインストール | 61 |

| 3-4-1 | 動作環境 | 61 |
| 3-4-2 | インストール方法 | 62 |

| 3-5 | WinActor の基本操作 | 63 |

3-5-1	画面構成	63
3-5-2	シナリオの作り方	64
3-5-3	プロパティ設定	66
3-5-4	画像マッチング	67

| 3-6 | 対応可能なインターフェース | 68 |

| 3-7 | 変数 | 69 |

| 3-7-1 | 変数とは？ | 69 |
| 3-7-2 | WinActor の変数設定 | 71 |

第4章　シナリオ開発標準　　73

| 4-1 | 処理単位でのグループ化 | 74 |

| 4-2 | 共通処理はサブルーチン化 | 75 |

| 4-3 | ノード・ライブラリの命名ルール | 75 |

| 4-3-1 | グループの命名ルール | 75 |
| 4-3-2 | ノード・ライブラリの命名ルール | 76 |

| 4-4 | 繰り返し、分岐の命名ルール | 77 |

| 4-4-1 | 繰り返しの命名ルール | 77 |
| 4-4-2 | 分岐の命名ルール | 77 |

| 4-5 | 変数の取扱いルール | 78 |

| 4-5-1 | 変数の命名ルール | 78 |
| 4-5-2 | 変数の結合ルール | 78 |

| 4-6 | 定数の取扱いルール | 80 |

| 4-7 | シナリオの命名ルール | 82 |

| 4-8 | ウィンドウ識別名の整理 | 82 |

4-9	不要な変数の削除	84
4-10	複数のインターフェース	85
4-11	シナリオフレームワーク	86

第5章 Webデータの取得 95

5-1	学習する主な操作	96
5-2	事前設定	96
5-2-1	オプション設定変更	96
5-2-2	拡張機能設定	98
5-3	作成シナリオの概要	100
5-4	Webブラウザ（Edge）操作	101
5-4-1	Edge起動	101
5-4-2	ページ表示	103
5-4-3	ウィンドウ最大化	104
5-4-4	Edgeの倍率を100%に設定	105
5-4-5	操作の記録（Edgeモード）とキーエミュレーション	107
5-5	画像マッチング	121
5-6	乗換案内をトップページへ戻す	127

第6章 取得データの操作 135

6-1	学習する主な操作	136
6-2	作成シナリオの概要	136
6-3	インプットボックス	137
6-4	条件分岐	139
6-5	変数値設定	141
6-6	ウィンドウ識別ルールの設定	143
6-7	シナリオ実行結果確認	147

目　次

第7章　Excel操作................................149

7-1　学習する主な操作.................................150

7-2　作成シナリオの概要.............................150

7-3　Excel処理に必要な変数の作成................152

7-4　Excelの値を読み込む...........................152

7-5　Excelへ値を書き込む...........................155

7-6　繰り返し処理.....................................156

7-7　Excelを上書き保存して閉じる................162

7-8　Edgeを閉じる....................................164

7-9　シナリオ実行結果確認..........................166

第8章　高度なWebブラウザ操作テクニック....167

8-1　Webページを対象とした開発..................168

8-2　HTML..169
   8-2-1　tag...169
   8-2-2　属性..170

8-3　XPath..173
   8-3-1　XPathの取得方法.........................173
   8-3-2　XPathの基本構文.........................176
   8-3-3　XPathの記法..............................177
   8-3-4　XPathの関数..............................178

8-4　Webブラウザ（Edge）操作のXPath...........180
   8-4-1　XPathの解説..............................180
   8-4-2　XPathを利用したシナリオの作成.........181

目　次

第9章　エラー・例外発生を想定した　シナリオ開発......187

9-1　例外処理......188
9-1-1　例外処理活用方法......189

9-2　デバッグ......201
9-2-1　エラーの原因と解消方法......201
9-2-2　ブレイクポイントとステップ実行......204

9-3　ログの活用......207
9-3-1　ログの出力項目......208
9-3-2　ログの確認方法......209

9-4　特殊変数......211

第10章　押さえておきたい便利な機能......213

10-1　メール管理......214
10-1-1　メール受信設定......214
10-1-2　メール受信とメール情報取得シナリオ......219

10-2　ログイン処理......223
10-2-1　変数一覧の初期値による設定......223
10-2-2　インプットボックスを使った入力......225
10-2-3　ユーザーファイルを使用した処理......227

10-3　アプリケーションの起動方法......229
10-3-1　デスクトップのアイコンをクリック......229
10-3-2　コマンド実行......230
10-3-3　ファイル名を指定して実行ウィンドウより起動......231

10-4　画像が見つかるまで下スクロール　（画像マッチング）......234

10-5　データ一覧......240
10-5-1　処理可能なファイル形式、データ形式......240
10-5-2　データ一覧の機能......240

ix

目 次

10-5-3　データ一覧のインポート.................................241

10-6　日付による分岐........................... 243

10-7　テキストから項目の値の取り出し............. 246

10-7-1　テキストから項目の値の取り出し方法①...................247
10-7-2　テキストから項目の値の取り出し方法②...................252

10-8　WinActorノート........................... 256

10-8-1　WinActorノートの起動方法と操作方法....................256
10-8-2　WinActorノートを使ってシナリオ作成....................261

10-9　スクリプト実行........................... 265

10-9-1　ノード「スクリプト実行」のプロパティ画面説明.............265
10-9-2　スクリプトパラメータ.................................267
10-9-3　WinActor独自関数....................................267

10-10　WinActorEye（ウィンアクターアイ）.......... 268

10-11　WinActor Brain Cloud Library.............. 269

10-12　OCRマッチング.......................... 272

10-13　テーブルスクレイピングライブラリ........... 273

10-14　WinActor Storyboard...................... 274

10-15　WinActor Scenario Script................. 275

10-16　生成AI連携............................. 276

10-16-1　シナリオひな形作成機能..............................276
10-16-2　生成AIからの応答利用................................282

10-17　シナリオ作成ガイド....................... 287

10-17-1　シナリオ内容.......................................287
10-17-2　シナリオ作成.......................................288
10-17-3　完成シナリオ.......................................303

第11章 総合演習............................. 305

11-1　全体概要............................... 306

11-1-1	課題とゴール	306
11-1-2	使用するExcelファイル	307
11-1-3	使用フォルダ構成	308
11-1-4	株価検索の画面遷移	308
11-1-5	総合演習 完成イメージ	310
11-1-6	シナリオを新規作成しシナリオ内で使用する変数を変数一覧のインポートにより作成	311

11-2 課題①文字列操作 312

11-2-1	完成イメージ	313
11-2-2	ファイルパス作成	313
11-2-3	これまで完成したシナリオ	316

11-3 課題②Excel検索 316

11-3-1	使用するファイル	317
11-3-2	Excel検索の完成イメージ	318
11-3-3	前月末日の作成	318
11-3-4	前月末営業日を取得	322
11-3-5	前月末営業日の書式変換	330
11-3-6	11-3で完成したグループ	331
11-3-7	これまで完成したシナリオ	331

11-4 課題③Excelフィルタ 332

11-4-1	使用するファイル	333
11-4-2	Excelフィルタの完成イメージ	334
11-4-3	企業名取得	335
11-4-4	これまで完成したシナリオ	340

11-5 課題④Chrome操作 342

11-5-1	株価検索の画面遷移	343
11-5-2	完成イメージ	345
11-5-3	ブラウザ起動	346
11-5-4	企業名を検索	348
11-5-5	企業コードを取得	350
11-5-6	企業コードが数値4桁かどうかの確認	352
11-5-7	時系列タブをクリック	354

目　次

11-5-8	終値を取得	356
11-5-9	ブラウザのクローズ	364
11-5-10	11-5で完成したグループ	365
11-5-11	これまで完成したシナリオ	366

11-6　課題⑤Excelへの書き込み　367

11-6-1	使用するファイル	368
11-6-2	完成シナリオ	368
11-6-3	株価一覧書き込み	369
11-6-4	これまで完成したシナリオ	373

11-7　課題⑥繰り返し処理　374

11-7-1	完成イメージ	375
11-7-2	繰り返し処理	376
11-7-3	これまで完成したシナリオ	380

11-8　課題⑦Excelファイルの保存　381

11-8-1	完成イメージ	382
11-8-2	株価一覧を名前を付けて保存	383
11-8-3	これまで完成したシナリオ	388

付録　389

FAQ	390
各種サンプル	394
比較演算子一覧	395
正規表現	396
特殊変数一覧	397
役立つショートカットキー	400

索引	401

第1章

RPAの基礎

本章ではRPAとは何なのかといった内容からRPAの特徴、今後の展望までRPAの基本的な情報をご説明します。

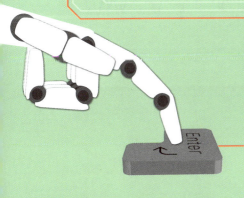

1-1 RPAとは

RPAとは**Robotic Process Automation**(ロボティック・プロセス・オートメーション)の略であり、主にホワイトカラーの定型業務を自動化する技術を指します。

パソコンの中のソフトウェアが作業を代行してくれることからも「デジタルレイバー」「デジタルワーカー」(仮想知的労働者)などと呼ぶこともあります。

具体的には、特定のWebサイトから情報を収集したり、Excelのデータを特定のシステムに入力したりするような作業がイメージしやすいのではないかと思います。

> **NOTE**
> Windows向けのRPAツールが多いことから、本章のOSはWindowsを前提として解説します。

1-1-1 起源

世界的には、RPAに該当するWindows内のソフトウェアの自動化は、2000年代前半から存在はしており、決して真新しい技術ではありません。

日本では2017年頃から「RPA」という言葉が利用されるようになり、2019年にはホワイトカラー中心に認知度は定着してきました(図1.1)。

図1.1 Google Trends「RPA」検索数 日本 ビジネス・産業

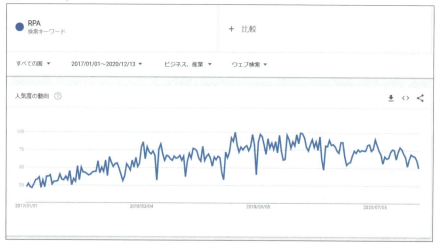

■図1.2 Google Trends「RPA」地域別インタレスト 世界 ビジネス・産業

図1.2のように「RPA」は、世界的に見てもとりわけ日本で多く検索されています。

1-1-2 日本の課題とRPAの登場

日本でRPAの需要が高い理由はいくつかあります。

生産性の低迷

2000年以降、経済成長著しい中国に抜かれて、日本が国別GDPランキング3位に後退しましたが、問題の本質は日本人1人当たりの生産性にあります。

1997年消費税増税以降、長くデフレ不況が続いた影響もあり、日本人1人当たりのGDPはほぼ横ばいの中、各国の個人生産性は上昇しました。すなわち、相対的には日本の個人生産性は下落したと考えることもできます。

働き手の減少

少子高齢化が進む中、生産年齢人口(15〜64歳)の減少がきわめて深刻な問題となります(図1.3)。

ここ数年完全失業率2%台と、実質完全雇用に近い状態のため、各企業の採用活動は非常に苦戦しています。要は生産力の源となる人材が枯渇している状態となっているのです。労働力不足を補うためか、2018年11月に閣議決定された入管法改正で外国人労働者が増えるというニュースも記憶に新しいのではないかと思います。コロナ禍の影響で一時的に完全失業率は悪化していますが、日本の人口構造に変化があるわけでもないため、中長期的な見通しとしてやはり働き手は足りないと考えられます。

図1.3 年齢3区分別人口の推移

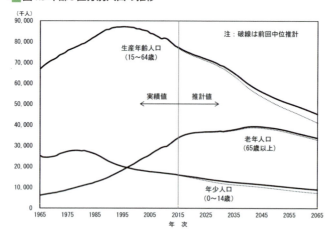

出典：国立社会保障・人口問題研究所

働き方改革

　働き手が少なくなることに加えて、2019年4月に施行された、有給休暇取得の義務化や残業時間の上限規制により、労働時間が短くなっています。

　上述の通り、現在日本が抱える課題を考えると、RPA導入による生産性向上が至上命題となっているのです。

1-1-3 RPAの段階

　RPAには3つの段階があるとされています。

クラス1 RPA（Robotic Process Automation）定型業務の自動化

　ルールに沿った単純作業の自動化となります。既に確立された技術であるため、比較的安価に導入することができます。機能や使い勝手の違いはありますが、既存のRPAツールの主はこのクラスにあります。

クラス2 EPA（Enhanced Process Automation）非定型業務の一部自動化

　RPAとAIの技術を用いることにより自然言語解析、画像解析、音声解析を行うことでデータを解読し、そのデータを基に一部非定型業務の自動化が可能となります。

クラス3 CA(Cognitive Automation) 高度な自律化

ロボットが自ら考え判断するため、業務の全工程を自動化することが可能です。データを整理・分析することで、例えば経済情勢を加味した経営改善などに活用することも可能となります。現段階でこのクラス3の製品はありませんが、近い将来登場することが期待されます。

■ 図1.4 RPA 3つの段階

クラス	主な業務範囲	具体的な作業範囲や利用技術
クラス1 RPA(Robotic Process Automation)	定型業務の自動化	○情報取得や入力作業、検証作業などの定型的な作業
クラス2 EPA(Enhanced Process Automation	一部非定型業務の自動化	○RPAとAIの技術を用いることにより非定型作業の自動化 ・自然言語解析、画像解析、音声解析、マシーンラーニングの技術の搭載 ・非構造化データの読み取りや、知識ベースの活用も可能
クラス3 CA(Cognitive Automation)	高度な自律化	○プロセスの分析や改善、意思決定までを自ら自動化するとともに、意思決定 ・ディープラーニングや自然言語処理

出典：総務省『RPA(働き方改革：業務自動化による生産性向上)』

1-2 基本情報

RPA導入の際に最低限知っておいた方がいい基本情報をここでは解説していきます。

1-2-1 RPAに適した業務

企業の規模や業種、文化により業務手順はさまざまですが、一般的には以下のような業務がRPAの対象になりやすいと言われています。

部門	カテゴリー	主な業務
経理部門	売掛	金融機関からのデータ取得や営業への通知
	買掛	決裁や支払入力
	会計	EXCELからの仕分入力
人事・総務部門	勤怠	各種通知物や長時間勤務対象者管理
	給与	給与明細の通知
	人事	グループウェアの管理
営業部門	進捗	数値データ抽出、加工、配信
	受注	受注データのDL
	顧客	与信調査や登録
	報告	定型メール
	EC	マスタ登録や受注データのDL

1-2-2 相性の良い業務

作業時間が大きい業務から着手していくことは基本的な考え方ですが、RPA対象業務を選定する際に定性的要因も検討する必要があります。要するに、RPAにも向き不向きがあるということです。

ルーチンワーク

毎時間、毎日、毎週、毎月など定期的な業務。

突発的に発生する業務は効果予測や要件の把握が難しいため、一般的には定常業務から着手していくのが順当です。

ルール

手順化されたルールのある業務。

特定の人でないと分からない業務は「ルール化」する工程から入らないといけないため、まずはルール化された業務から取り掛かりましょう。

変更頻度

業務手順の変更が少ない業務。

業務手順が変わる度に、ロボットの改修が発生する可能性があります。このため変更頻度の多い業務は、保守工数が増大してRPAが破綻する可能性があります。

また、業務手順ではなく、データを参照するファイルやシステムなどの変更であっても、ロボットの保守が必要になる場合があるため注意が必要となります。

正確性

人為的なミスが起こりやすい業務。

RPAには「よきにはからう」ような柔軟性はありませんが、一度シナリオが決まれば同じことを正確に実行することは容易に可能です。人のように疲れることもありません。

リスク

ロボット停止時に影響の大きい業務。

緊急性を要する業務などは事前にロボット停止時の影響度は確認しておいた方がいいでしょう。ロボット停止から再稼働までのリードタイムが許容範囲内かどうかの議論は必要です。

1-2-3 RPAのメリット

RPAのメリットは「①コスト削減」が中心になりますが全てではありません。ご自身の環境に置き換えてRPAのメリットを整理することが大切になります。

① コスト削減

定常作業の業務がロボットに置き換わることで、人件費相当のコスト削減が見込めます。

② ミスがない

正確に業務を実行することで、人為的なミスを撲滅できることです。RPAのメリットは①コスト削減に目が移りがちですが、ミスを撲滅して正確に作業を実行できることも重要なメリットです。ミスが発生した際のリカバリのための時間が多い業務などは大きな効果につながる可能性があります。

③ 人材不足解消

一度シナリオを作成してしまえば、毎月も毎日も実行にかかる工数に大きな差はありません。

本来、毎日のように高い頻度で実施したいけれども、人手が足りずにできていない業務などもRPAの対象業務としては価値があります。

第1章 RPAの基礎

④ 導入ハードル

システム導入の際は、各社システム部門が主となり進めますが、RPAの場合は業務部門主体で導入することが可能です。費用面も「数十万〜」とスモールスタートが可能なところも1つのメリットとなります。

⑤ 生産性向上

定型の単純作業から解放されて人でしかできないクリエイティブな仕事ができる時間を創出することができます。

1-2-4 RPAツール

RPAツールについて考察していきます。

特長

コードを記述することがないため、ソフトウェアの専用画面の中でマウスのドラッグ＆ドロップでシナリオを作成することができます。

簡単なシナリオであれば数時間から1日、業務レベルのシナリオも数週間でできるようになることがポイントです。

---

column **プログラミングは不要なのか？**

プログラミング知識は必須ではありませんが、プログラミング的思考があると役立つシーンが数多くあります。RPAを通してプログラミング的思考を身に付けていくことも可能です。

1つ目は、プログラミングが得意とする「条件分岐」と「反復」の使い方です。プログラミング同様に、RPAも条件に応じて処理を変えたり、繰り返し同じような処理をするシーンが数多くあるので、「条件分岐」と「反復」の理解は重要です。

2つ目は、ロボットの保守性です。システム開発と同様にRPAのシナリオ開発もやはりエラーとうまく付き合っていかなければなりません。エラーを考慮した設計やエラー発生時の例外処理など、プログラミングで習得した経験が役に立ちます。

マクロとの違い

　マクロの場合は操作対象がExcelやAccessなどのOffice製品に限られます。また、実用的なマクロを運用するためには、VBAと呼ばれるプログラミングを習得する必要もあります。

　一方、RPAの場合は操作対象が特定の製品に限られることなくWindows内の全てが操作対象となります。RPAツールにより、動かし方は変わりますが、自動化すること自体に変わりはありません。

　注意点は、必ずしもRPAツールがマクロよりも優れているわけではないことです。多くはRPAで解決可能ですが、マクロを組み合わせた方がシンプルで容易に処理が済むケースもあります。

各社RPAツール

　業務部門主体でスモールスタートしていく際はクライアント型が適していますが、数百以上のロボットを稼働させる大規模なRPAプロジェクトには、管理面で優れたサーバー型に利があります。サーバー型RPA導入にはサーバー設備などの確保や運用も伴ってくるため、システム部門の協力も欠かせません。

製品名	クライアント型	サーバー型	日本語
WinActor	●	●	対応済
BizRobo! / SynchRoid	●	●	対応済
UiPath	●	●	対応済
Power Automate Desktop	●	●	対応済
Blue Prism	×	●	対応済
Automation Anywhere	×	●	対応済

　　※2024年7月時点

　本書では日本国内で最も利用されているクライアント型のRPAツール、WinActorの操作方法を中心に解説していきます。

クライアント型とサーバー型

　クライアント型のRPAツールを**RDA**(ロボティック・デスクトップ・オートメーション)と呼び、サーバー型の方をRPAと呼ぶことがあります。

■図1.5 クライアント型とサーバー型のRPAツール

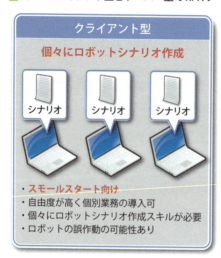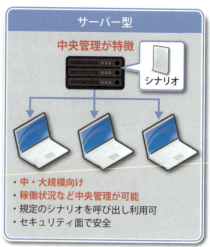

1-3 成功の秘訣

　WinActorの具体的な解説に入る前に、RPA推進部門としてプロジェクトの成功の可否に関わる3つの要素を紹介させていただきます。

1-3-1 推進体制の構築

推進担当者(部署)の設置

　既存業務を担当しながら片手間でRPAの推進業務を行うには非常に負荷がかかります。

　高いROI(投資対効果)を達成するためには部門内にハブとなる担当者(担当部署)を作り、推進していくことを強くお勧めします。

各部門調整	セキュリティ部門とのルール作成
	予算管理部門とのRPA導入費用調整
	ROIの算出(効果測定)
	業務部門との対象業務選定
	上層部資料作成
ナレッジ共有	ポータルサイトの運営
	RPAツールの規約作成
	勉強会の実施

RPA啓蒙活動	会議体運営
	事例収集
	RPA対象業務の進捗管理
ヘルプデスク	サポート窓口

推進担当者(部署)の限界

RPA推進担当者(部署)が全てのことを実行するには限界があることも、あらかじめ把握しておくことが重要です。特に、ナレッジの共有などは主体である業務部門の協力も必要不可欠となります。

勉強会や事例共有会などを企画しつつ、積極的に業務部門にも協力を仰ぎましょう。「教えることは二度学ぶことである」(ジョゼフ・ジュベール、フランスの思想家・モラリスト)という有名な言葉がありますが、実際に複数名の前で登壇することによって、自身の知識整理につながったり、新しい気づきなどがあったりします。

column RPA事例の公開レビューのススメ

勉強会は資料作成など含めて綿密な準備が必要となるため、少々登壇のハードルが上がります。自分自身が取り組んだRPA事例について、新しく発表用の資料を作成するのではなく、RPA開発過程で残したドキュメントやパソコンのデモ中心でレビューするような場があれば、一気に登壇のハードルが下がります。

また、誰でも参加OK、開催時間30-60分程度に設定、レビュー内容も明確にすることで、ミスマッチを防止してより多くの同じような悩みを持つ担当者の参加が見込めるようになります。

結果、活発な意見交換につながり、登壇者、参加者に関わらず非常に有意義な場となります。

図1.6 RPA公開レビューの様子

1-3-2 RPA以外の業務効率化手法

話の腰を折るように聞こえるかも知れませんが、RPAは1つの手段であり、決して全てではありません。RPAを推進する過程で、RPAが目的になる場面に遭遇することも出てきます。

目的はコスト削減やミスの撲滅により従業員の生産性を高めることであって、RPAに手段を限定する必要はありません。

特に、トップダウンでRPAを実施する際には、経営層がRPAを「魔法の杖」や「銀の弾丸」のように誤解している可能性があるため、注意が必要となります。

RPA導入の際に併せて考慮すべき代表的な例を、いくつか紹介します。

ファシリティ

老朽化したパソコンでデータ抽出から加工まで行うには、少し無理があるかも知れません。

パソコンに負荷がかかる作業を定常的に行っている担当者にはハイスペックパソコンを割り当てるのも業務効率化の手段の1つです。また、複数ウィンドウで作業することが多い担当者には拡張モニターを配備することで、劇的に改善することもあります。RPAとは全く異なる観点ですが、生産性向上には寄与する観点となります。

ICTの利活用

業務分析を行う工程で定常作業よりもコミュニケーション上の時間に問題を発見することがあります。折角の業務分析を無駄にしないためにも、RPA一択にこだわる意味はありません。

Google WorkspaceやSlack、BIツールなどICTを活用することも今後の生産性に関わるため、選択肢として検討の余地はあるのではないでしょうか。

プログラミングや便利テクニック

Google Workspaceを導入している部門はGoogle Apps Script、また、Excelなどの集計作業が多い部門はVBAなどを学習すると、RPAツールの幅が更に広がります。更に、本筋ではありませんが、Windowsのショートカットのチートシートを配布して、保存やコピー＆ペーストなどの主要なところから利用促進するだけでも効率が変わってきます。

1-3-3 BPR

より多くの効果を狙うようであれば、RPAをきっかけにBPR(ビジネス・プロセス・リエンジニアリング)に踏み込むことが非常に重要です。

BPRとは業務フローを可視化して、根本的にプロセスを再検討する業務改革のことを指します。BPR実施のための主要関係者から総意を得るのは難しいとされていましたが、RPA導入のタイミングは、業務プロセスの見直しに切り込む良い機会にもなります。

やめる

「その業務は何の意味があるのか?」この質問に即答できなければ、業務終了も選択肢の1つとして残されます。「前任の●●さんがやっていたから」や「●●部長の指示だから」などの曖昧な経緯があるようであれば、しっかりと必要性を確認することも重要です。

共通化

共通の作業を複数部門で実施していることもよくあるケースです。ある特定のシステムからデータをダウンロードして加工、メール配信などといった定型業務などは要注意です。RPA導入の際は、作業の一本化前提で進めるとより効果的となります。

手順変更

現状の業務手順ではRPA化が難しい場合に、一部工程の手順を変更することでRPA化できる余地がないかを検討することは非常に重要です。

1-4　ワンポイントアドバイス

1-4-1 100%を狙わない

業務プロセスが明確でRPAに適した業務であれば100%実施すべきということは言うまでもありませんが、実際に問題になるのが複雑な業務のパターンとなります。複雑であればあるほど、イレギュラーパターンが多く存在する傾向にあります。

限られた時間で最大効果を出す観点で考えると、作業項目の70-80%程度を最適なラインと考えることも必要になります。

100%にこだわり過ぎるあまり、開発期間が長引くだけでなく、保守・運用面にも課題が残り、都度シナリオ改修が発生するリスクもあります。業務プロセスの中で人の判断が介在する場合などは、そもそも100%が難しいケースすらあります。

どうしても100%に対してのプランが必要であれば、業務をRPA化する際にはフェーズ分けをして効果の出やすい工程やパターンから着手するのも良いかと思います。

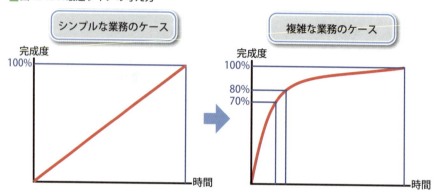

図1.7 RPA最適ラインの考え方

1-4-2 主役は業務担当者

コスト削減は経営目線であり、従業員目線で見るとどうでしょうか？

コスト削減の重要性を決して否定するわけではありませんが、従業員のメッセージの受け取り方次第では、内心「職を失うのでは？」と危機感や不信感を持たれて警戒される懸念があります。

RPAを進めること自体は、企業として妥当な判断であるため、表向き従業員から批判が出ることはありませんが、従業員の自主性ややる気を引き出すには支障をきたす可能性があります。

特に、非正規社員の場合は、契約更新に直結するセンシティブな問題となるため、コミュニケーションに気をつける必要があります。

RPAにより創出した時間を活用してリスキリング等でより付加価値の高い業務に従事してもらうなどの取り組みが重要となります。

第2章

開発検討から運用までのプロセス

本章では、RPAの導入を具体的に進めていく中で重要な、開発検討から導入までのプロセスについてお話しします。

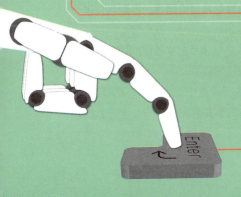

第2章 開発検討から運用までのプロセス

2-1 RPA導入を始める前に知っておくべき重要なポイント

成功と失敗の例を知る

RPAでロボットを作って業務を自動化することは簡単です。しかし、RPAの導入が全てうまくいっているわけではありません。失敗してしまったお客様からの相談を受けたことも何度もあります。

まずお伝えしたいこと、それは、RPAはRPAツールの導入を目的としたものではないということです。目的と手段を履き違えてはいけません。最初の目的を間違えてRPA導入を進めてしまうことは失敗の原因です。

RPA＝全ての業務を自動化

これは正解でもあり、間違いでもあります。

上記の考えで成功するケースもありますが、それは対象業務の内容が完璧にRPAに適しており、開発担当者のスキルが非常に高かっただけのことが多いです。

RPAに限らず、一度結果が出ると、社内での取り組む姿勢が変わり、対象範囲や量が拡大していきます。その結果、それまでは無理だと考えていた業務への対応へリソースを割くことができるようになり、想定以上の自動化が実現します。同時に、RPAに携わる社内メンバーが増えていくケースも存在します。

以下に失敗例を並べてみました。

- 明確な担当者、部門が設定されず、とりあえずで決めたRPAツールが投下される
- たぶんいけるんじゃない？　の感覚で業務内容を適当に聞き、自動化しようとする
- RPA担当者に既存業務と並行してRPAを導入させようとする（片手間対応）

各RPAツールにはトライアル版が存在するものも多くあります。トライアルが有償の場合もありますが、本格導入前にRPAツールの事前評価を行うことをお勧めします。

16

ただし、このトライアルには期限があります。簡単な業務で構いませんので、2〜3業務、予め対象業務を選定してからトライアルを開始するのがよいでしょう。

勢いで進めることも時には重要ですが、RPA導入においては危険です。過去に担当していたからある程度把握している、たぶんこんな業務だろう。といった考え方で話を聞き、RPA導入に進むと出来上がったRPAは求めていたRPAと異なり、手戻りが発生します。業務フローの確認を行う際は対象の業務における作業手順を1つずつしっかり確認すべきです。

また、RPA担当者は、RPA専任にしておくこともお勧めします。他の業務の合間に行うことで、RPAに関するスキル習得や作成に時間を割けず、進捗が悪くなります。最悪の場合、既存業務への比率が高くなり、RPA導入が頓挫する可能性もあります。

最初から大人数のチームを作る必要はありません。小人数でも構いませんので、専任者を作り、着実に進めていくことが重要です。

2-1-1 具体的な目標、規模、体制の整理

「働き方改革」といった漠然とした大きな目標でRPAを検討し始めてもなかなか進みません。本書を読んでいる皆様は、RPAを具体的に進めるミッションを持った方が多いかと思います。

まずは具体的な目標、目的を定めましょう。
具体的な目標の中から、自社でイメージしやすい内容、効果が見込めるものから検討をし始めることで、RPAの導入は進めやすくなります。

具体的目標のイメージ
- 作業コストの削減
- 労働時間の短縮、納期(作業期間)の短縮
- 時間外労働の削減、生産性の向上
- 作業量の平準化
- 複雑な作業の簡素化(無駄な作業の廃止、ベテランスキルの活用)
- 作業品質の向上(人的ミスの排除)

2-1-2 RPAの導入体制は業務部門主導型

RPAの導入体制は業務部門主導型とIT部門主導型の大きく2パターンです。業務部門主導型とは、最初から業務部門担当者が主体的に自身の日常業務を自動化・効率化するツールとして事前評価から本格導入まで進める方法です。

■ 図2.1 体制
■業務部門主導型

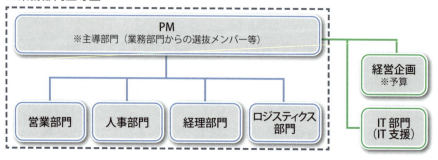

　RPAはシナリオの作成・導入よりも、その後の運用体制を最初から意識しておくことが重要です。業務部門主導型の欠点として、ただただRPAロボットを増やしていき、知見やノウハウが個人に紐付いてしまう危険な状況を生む可能性があります。

　その結果、どこのPCでどのようなRPAロボットが動いているのか分からない、統制が効いていない状況が発生します。

　これはIT部門との連携が弱いことが原因となり、「業務部門で勝手にやっていることだからIT部門は知らない」といった縦割りの体制にもなり得ます。

　後々のIT部門の協力を得るためにも業務部門からしっかりとIT部門への協力を仰ぎましょう。

　IT部門主導型で進める場合、IT部門はシステムという視点に陥りがちで業務部門からすると全く重要と感じていないシステム内部の構造や言語に注意が行きがちです。また対応のスピード感も少し落ちる場合があります。

　IT部門が主導の場合は常にプロジェクトの目標に立ち返り、会社全体としてROIを最大化するにはどうすべきかを考え、業務部門と対話しながらプロジェクトを推進していくことが大切です。

2-1-3 効果と範囲

　RPA導入検討を進めるにあたり、予め見込まれる効果とそれに見合ったコストおよび体制を考えておくことが非常に重要です。どれくらいの期間に何人月程度の稼働をかけて開発・導入を進めるのかによって、RPAの適応可能範囲、進捗が大きく変わります。

　予め効果見込を算出していないと適切なコストおよび体制での対応ができなくなり、進捗が悪くなったり、最悪の場合RPA導入がストップしてしまうことも考えられます。また限られたRPA担当者による無謀な導入を進める可能性もありますので、慎重に進めましょう。

　そこで、RPA対象の目標や範囲を定める中で、業務Aの「①労働時間をXX%削減」「②自動化率はXX%」「③新人や今まで経験が無い従業員でも対応可能とすることで、現対応者としての業務をXX%削減」などの有用性を評価するための、基準と評価方法の検討もあわせて策定することで、より具体的に進められ、効果を実感しやすくなります。

2-1-4 リスクの評価

　RPAの導入に限った話ではありませんが、システムやツールを導入する際にはリスクを評価しておく必要があります。

　一般的には以下のような項目を確認しておきます。

- 業務上で定められたセキュリティ要件を満たしているか、逸脱していないか
- 情報漏洩のリスクが無いか
- 個人情報を取扱う場合、社内規定に沿っているか
- 法律で定められた手順を順守しているか
- ISMS（情報の機密性、完全性、可用性の維持）など、業務統制を守れているか
- 操作アプリケーションの仕様変更による停止時のミッションクリティカルレベル

　特にネットワーク接続が発生するシナリオや個人情報を取扱う場合においてはしっかりとリスクを確認し、重大な事故が発生しないようにリスクマネジメントができる体制を整えておくことも必要です。
　また同時にロボットが停止する可能性はゼロではないため、コンテンジェンシープランの検討体制も整えておきましょう。

2-2 役割ごとのモチベーションの高め方

「働き方改革」や「大きな削減目標」などをRPA導入の目的として掲げても、やる気になるのは経営層や一部の社員だけです。

漠然とした目標だけでは業務部門の現場を動かすのは困難です。RPAを成功させるには、業務部門の現場担当者が納得できる導入目的を謳うことが重要です。

■ 図2.2 モチベーションの変化

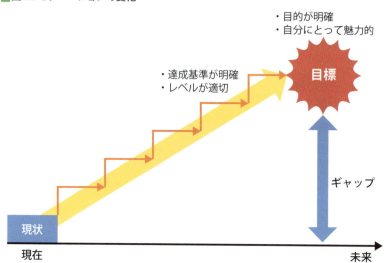

RPAを推進するには業務部門の現場担当者との対話をしっかり行い、RPAを現在の作業ストレス改善などにつながる有効な手段と実感してもらうことが大切です。

効果的な手法としては、実際に業務が自動化して動いているのを見てもらうことです。

また、評価のタイミングから参加してもらい、感想を聞いたり、導入や運用が容易であることを実感してもらったりすることが大切です。

自身の業務の中で自動化してほしい業務のアンケートを取るのも有効です。半信半疑で回答するかもしれませんが、人は誰しも楽をしたいものです。アンケートの内容を元に作業担当者とのコミュニケーションを発展させていくことも重要です。

RPA導入のはじめは作業内容が単純（手順が少なめ）な作業や、対象システム／ツール、情報の項目が少ない業務から始めることにより、導入のハードルを下げることが可能です。

RPAは導入後の運用が最も重要ですが、新たな業務が増えることは業務担当者にはマイナスイメージが強いです。なぜなら、作業者が要望する作業と導入効果が高い作業は必ずしも合致しないことが多いからです(作業者は、作業時間は短いが、内容が複雑で判断が多いものを選ぶ傾向がある)。

そこで、現場のメンタル面も配慮し、作業効率をどうアップしていくかを一緒に検討することでWin-Winの関係を保ち、現場の理解と評価が上がることで円滑なRPA導入へつながります。

また、自身の業務を自分で自動化したいという声が挙がったら積極的に採用して巻き込みましょう。業務を理解している業務担当者がRPA化を行うことがRPA開発においては最も効率的です。

RPAはIT部門に頼らずとも、現場のIT化を推進できるツールです。今後、様々なIT化が進む中で、企業にとって大きな戦力となります。新たな人材育成の対象スキルとして議論しておきましょう。

2-3 事前評価(RPAツールの選定と導入判断)

RPA導入においては、本格導入の前に事前評価を行い、RPAツールの選定と導入判断を行います。

■ 事前評価プロセス
- RPAツールの情報収集
- 評価対象の洗い出し、要件整理
- RPAツールを用いたアプリケーション動作テスト
- 評価用シナリオ作成・開発
- PoC評価・RPA導入判断

> **NOTE**
>
> **PoC**(Proof of Concept)とは、「概念実証」という意味です。
> 新しい概念や理論、原理、アイディアの実証を目的とした、試作開発の前段階における検証やデモンストレーションを指します。

図2.3 事前評価プロセス

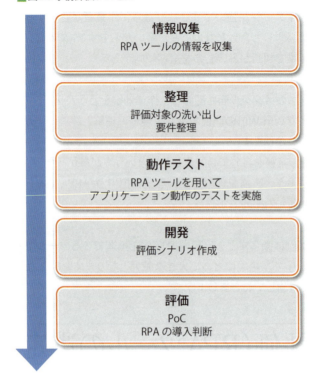

2-3-1 事前評価プロセス

事前評価プロセスでは、RPAツールの選定も行います。

RPAツールの情報収集、RPAツールの特徴を理解する

　RPAツールは、それぞれコンセプトや特徴が異なります。まずはそれを見極めるためにも、メーカーなどからRPAツールの情報を収集してください。現在はハンズオン形式でのセミナー開催も多数あります。実際に使ってみるというのは、RPAツールのコンセプトや特徴を理解する上では非常に効果的です。

　RPAツールの機能だけでなく、ガバナンスが図れるかどうかについても考慮する必要があります。またツールによって得意分野が異なりますので、対象アプリケーションとの親和性、業務の重要度（ミッションクリティカル）などを元にツールを見極めなければなりません。

> **NOTE**
>
> ガバナンス：主に企業内の管理体制を指す（内部統制など）
> ミッションクリティカル：業務やサービスの遂行に必要不可欠であり、24時間
> 365日稼働必須など、障害や誤作動などで止まることが許されないこと

どうしても自身のスキルだけでは検討が難しいという場合は、RPAベンダーに協力を仰ぐのも1つの手段です。

全社的にRPAロボットの展開を検討している場合、RPAツールが、MS OfficeやWebブラウザはじめ、SFA、CRMなどのアプリケーション、社内基幹システムといった、あらゆるアプリケーションが操作できるRPAツールであるかどうかをぜひ確認してみてください。

現時点でのRPAツールは互換性がありません。よって、他のRPAツールへ変更したい場合、新しいRPAツールで一から作成が必要となりますので、最初のツール選定は重要です。

ツール導入のコスト

RPAツールはERPソフトなどを導入するよりは低価格のイメージがありますが、決して安いわけではありません。

価格帯は様々で、高価になれば多機能になります。しかしながら、自業務で全ての機能を利用するかは対象業務次第です。

最初は適用範囲やロボットの数も少ないはずです。WinActorは、スモールスタートでRPAを始めることができ、効果を着実に感じることができます。

RPAの導入が進み、ロボットが増えてくると、ロボットの管理統制が必要になるかもしれません。そんな時は、**WinActor Manager on Cloud** や **WinDirector**（WinActorの統合管理機能）の導入検討をお勧めします。

統合管理機能は、作成したロボットの稼働履歴を確認し、どういったビジネスルールのロボットがどの端末でどのように動いているかといったことを統合的に管理する機能です。

ロボットが増えてくると、全てのロボットの管理が難しくなり、各端末で自動化した業務フローが勝手に変えられ、設定したルールと異なった処理がなされていたとしても、誰も分かりません。いわゆる「野良ロボット」の増加という弊害を招きかねません。

利用OSや対象アプリケーションのバージョンなども管理をしておかないと、場合によってはロボットが動かなくなる可能性もあります。

第2章 開発検討から運用までのプロセス

統合管理機能の導入には、サーバーの構築など、RPA導入部門だけでは進めることが難しい場合もあるため、IT部門などと連携を取っていくことが必要になります。

体制検討の時点で対象業務が多くなると分かっている場合は、将来的な管理体制を想定し、IT部門も体制の範囲として構築しておきます。

評価対象業務の洗い出し、要件整理

対象業務にRPAツールが適用可能かを検討する際に、非常に重要な過程です。

評価といっても本格導入同等の気持ちで選定を行う必要があります。対象業務を決め、現行業務フローを整理する際、同時にその業務で使われているアプリケーションの整理も行います。

選定された評価対象業務から、自動化したい対象業務を決定することが望ましいと考えています。対象とする業務は2～3種類で、効果が分かりやすいシンプルな業務が理想的です。

しかし実は、この評価において陥りやすい落とし穴があります。

まずは身近な簡単な業務から導入してみるということで、評価対象の業務のみで機能を判断してRPAツールを導入した結果、本格的に導入したらロボットが動かない、全社展開まで検討していたのにRPAツールを展開できない、という大きな問題に直面する可能性があります。

詳細な業務棚卸しは評価対象の業務だけで問題ないですが、対象とするアプリケーションの棚卸しに関しては、最終的にどこまで業務自動化を行いたいのかを事前に想定し、個別の評価を行うことで、後々のRPA展開に影響を及ぼすことが無くなります。

完璧な見通しを立てる必要はありませんが、対象とするアプリケーションが評価対象のRPAツールで操作可能かどうかという点を意識することは重要です。

RPAツールを用いたシステム動作テスト

PoCとして、RPAツールを仮導入し、RPAツールが有効であるか、業務との相性が合うかの確認を行います。

先ほどご説明した通り、評価対象業務のアプリケーションだけでなく全社展開を検討するのであれば、対象アプリケーションとの疎通(コネクティビティ)確認が必要です。

また、評価用に利用するデータはテストデータで十分ですが、開発・実行用PC

は本番同等の環境を準備することをお勧めします。

RPAツールはPCが変わることによってシナリオ実行に影響を及ぼすことが多いです。

よって、検証と本格導入で異なった環境の場合、その後の導入工程でシナリオの再作成、再検証が必要となる可能性があるからです。

PoCの実施期間は、導入するRPAツールにもよりますが、あまり時間をかける必要もありませんので、ロボット1体あたり平均1〜2週間ほどのイメージで考えます。

PoCも工数が発生するため、最近ではPoCの負荷を減らすために、事前評価プロセスを省いて、即本番導入に入る企業も増えています。

これは、多くの企業でRPAツール導入の結果、事例が出ているからです。PoCはツールのコンセプト理解、自社業務への適応把握が目的です。他社事例も参考にしつつ、効率よく進めていくことが大切です。

評価用シナリオ作成・開発

評価対象業務が確定したら、評価用シナリオの作成を行います。

評価用シナリオといっても、作成するシナリオは本番同等の内容で作成します。

シナリオ作成の際、業務内容がマニュアル化されている場合も、実務通りの内容となっているか、一部作業が形骸化していないかの確認を必ず行います。前任者から引き継いだからなんとなく行っている作業手順というのが案外多くありますので、これを機に不要な作業手順を廃止することも、1つの重要な業務効率化の手段です。

本格導入時にも同様の作業が必要となりますので、現場作業者とコミュニケーションを取りながら、抜け漏れの無いようにシナリオを作成します。

本格導入時にはエラー処理なども考慮する必要がありますが、評価時にはエラー処理を細かく作り込む必要はありません。

ただし、エラーがどこで発生するのか、エラーが発生した場合にはどういったフローで対応すべきかの検討は行っておくことが必要です。

事前評価プロセスはRPAツールの評価であり、RPA開発者が本格導入時に考慮すべき点が何なのかを学ぶタイミングでもあります。

PoC評価・RPA導入判断

作成したシナリオをパイロット導入して効果を確認します。ミッションクリティカルな業務の場合、ロボットの精度を高く望まれます。

しかし1〜10の工程で、全て完璧を求めるとRPAの展開は確実に遅くなります。

1〜6まで自動化できている、1〜4と8〜10までは完璧に自動化できているなど、ある程度の範囲で自動化できているのであれば、それでリリースすることも視野に入れてみてください。

ここでの注意点は、RPAを導入しても手作業で行っていた工数が100%削減されるとは限らないということです。シンプルかつ人間による判断が入らない作業であれば100%に近づくことはありますが、対象アプリケーションの仕様が変わらないとも言い切れませんし、その他の要因によりシナリオが止まる可能性もゼロではないです。

評価運用の結果が20%〜40%の工数削減だった場合、効果が少なく感じるかもしれませんが、RPAを評価する上では十分な効果です。本格導入した際の効果としても50%の削減効果が生まれれば十分です。

想定の対象業務の量、評価運用での効果、RPAツールの適応範囲を見極めた上で総合的な評価を行いましょう。

2-4 本格導入プロセス（業務選定・開発・評価と運用）

図2.4 本格導入プロセス

2-4-1 対象業務のリスト化

業務の把握・ヒアリングが最も重要

自部門内の業務整理を行うことは比較的簡単ですが、組織を跨いだ別の部署を巻き込んだプロセスの変更は難しいです。

そういった場合は、組織を跨いだ体制を作るよう、上位層を納得させる必要があります。

RPA化を行う対象業務を整理する際、必要な項目が含まれているか確認します。業務の全体を細かく確認し、RPA化する項目に抜け漏れが無いようにしましょう。RPA導入全体のROIを算出する際にも利用できます。

単純に対象業務を一覧で見た際にひと目で業務内容を判断するという目的と共に、開発時の優先度を決めるための項目が必要です。
優先度をつけて開発を進めていくことで、実感できる効果を拡大させます。

■図2.5 自動化の優先度

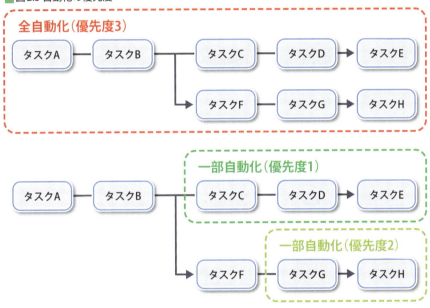

■項目
- 業務名称
- 業務プロセス
- 使用アプリケーション
- インプット（ファイルなど）
- アウトプット（ファイルなど）
- 作業タイミング（日／月）
- 処理件数／回
- 作業時間／月
- 作業スケジュール（1日の中で何時〜何時に作業するのか）
- マニュアル有無

第2章 開発検討から運用までのプロセス

- マニュアル保管場所
- 備考

優先度を決めるには、対象業務ごとに以下の項目で総合的に判断します。

- 業務量(月間総業務量)
- 定常性(発生頻度)
- 定量性(1回に発生する作業量、処理時間)
- 汎用性(他の業務への流用可否)
- 難易度(業務の複雑さ)

単純に業務量、処理時間が多ければ効果は大きくなりますが、実は難易度が高く、処理が複雑な場合には効果を感じるまでの期間が長くなってしまう可能性があります。

最初は効果が小さくても難易度が低いものから開発していき、自動化されていることを実感しながら進めていくことをお勧めします。

最初から大きな効果を目的としてRPA導入を進めてしまうことにより、効果が得られるまでに多くの時間とコストをかけてしまい、思うようにRPA導入が進まないといった失敗例もあります。

開発リソースに対して、同時に開発可能な量を判断し優先度を決めて開発を進めていきましょう。

2-5 効果を見極めて開発業務と開発範囲を選定

業務フロー内のタスクが80%自動化できれば十分と考える

業務の中のどの部分をシナリオ化するか、通常処理部分との連携方法を決める際には以下の3点を意識します。

①効果(削減時間、ミス削減、複数業務の共通化など)が見込める対象を絞る
②最初から100% RPA化を目指すのではなく、まず何を自動化すれば効率化できるかを考える
③潜在している不要な作業を見極め、最初にそぎ落とす

ここでの作業は、対象業務の選定と共に、初期導入の部門を選定する役割も担います。

最初から多岐に渡る部門での導入を試みるのではなく、対象業務の多い部門から導入を進めていくことがRPA導入成功のカギとなります。

その際、RPA導入を主導している部門だけを最初に進めるのはできるだけ避けた方がよいです。閉じられた形での検討は、客観的な判断、評価ができていないのでは？　と捉えられる可能性もありますので、RPA主導部門以外の部門業務も対象業務として進めていくことをお勧めします。

RPA化の対象選定後、その業務は必要な業務ですか？　その作業は必要な作業ですか？

対象業務のプロセスを把握していく中で必ず、作業の必要性を問うことをお勧めします。

その結果、RPAを導入する意味、効果が明確になります。

2-5-1 業務の見直し

業務フローチャートや業務棚卸リストを作成していくと、従来問題視していた業務の問題解決を進める必要があります。また同時に従来問題視していなかった部分も改めて整理を行うことで多くの問題が潜んでいることが分かってきます。

この問題の解決はRPA化の効果を最大化するために重要です。いわゆるブラックボックスとなっている業務も対象業務として出現します。理由をつけてなかなか解決を行ってこなかった問題を、RPA導入によって一気に解決しましょう。

「あるべき姿は何なのか」を想定した作業手順の見直し、不要な業務の廃止・統合によって、本質的な業務の見直し、対応内容、費用、実現スケジュールなどの配慮が必要です。その結果、RPAに限らずシステム改修やBPOなど他の手段によって、改善すべき点なども明確になり、RPA導入に向けての解決すべき問題点がより明確になります。

> **NOTE**
>
> BPO（ビジネス・プロセス・アウトソーシング）とは、自社の業務プロセスの一部を継続的に外部の専門的な企業に委託することです。

RPAはただ単にRPAツールを導入すればよいということではないことを理解していただけたかと思います。

第2章 開発検討から運用までのプロセス

業務のあるべき姿を考え、整理し、問題点を明確にしてRPAを導入することがRPAとしての大きな効果なのです。

また、RPAを導入する際に登録データをロボットに適したデータに変更する必要が出てくるケースもあります。

人が手で登録する場合には、登録の直前でデータの書式を変更しているケースにおいて、ロボットが実行する場合には、アプリケーションへの登録タイミングで書式が揃っている必要があります。

これは、実際の手作業でも事前の工夫で効率化できる部分かもしれません。

RPA導入によってフローが変わるのではなく、そもそもの作業の効率化のための業務の見直しとなるのです。

2-5-2 業務の可視化（現業務の棚卸）

RPAの対象業務はいわゆるシステム開発とは異なります。よって、これまでシステム化できなかった業務も対象として考えます。業務の棚卸を行うことで作業の手順や作業内容、情報などを整理することが重要な目的となります。

棚卸の際、表形式で整理してもよいのですが、業務フローをチャート形式で整理することで一連の作業手順が可視化され、前後の手順が明確となるため、改善ポイントの確認が格段に捗ります。

■ 図2.6　表形式

No	部門	作業内容	業務名	作業内容	対象システム	インプット	アウトプット	処理件数	備考
1	人事	作業A	業務A	データ作成依頼	-	Excelファイル	Excelファイル	-	******
2	営業	作業B	業務B	データ収集	Web	-	Excelファイル	10/日	******
3	営業	作業B	業務B	データ集計	-	-	Excelファイル	10/日	******
4	人事	作業C	業務C	データ受取	メール	Excelファイル	-	100/日	******
5	人事	作業D	業務D	不備チェック	-	Excelファイル	Excelファイル	100/日	******
6	経理	作業E	業務E	データ受取	メール	Excelファイル	Excelファイル	100/日	******
7	経理	作業F	業務F	データ登録	基幹システム	Excelファイル	-	100/日	******
8	経理	作業G	業務G	データ保管	-	Excelファイル	Excelファイル	100/日	******

■ 図2.7 フローチャート形式

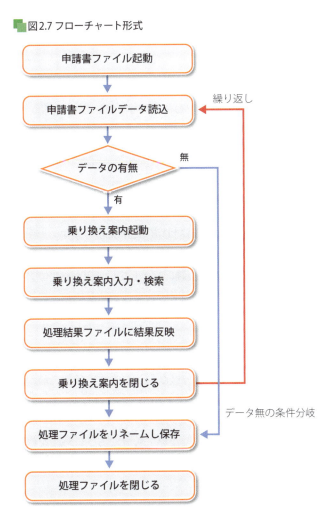

2-6 誰が見ても分かるフロー図の作成

　フロー図を作成することは、シナリオを正しい業務の流れで作成するための重要な材料です。少し手間と感じるかもしれませんが、必ず作成することをお勧めします。フロー図の作成では同時に後続の各種スケジュールの検討も進めます。

　たとえば、フロー図を基に業務の全体をパート分けしてシナリオの作成スケジュール、テスト、マニュアル作成などのスケジュールを作成します。
　また、インプットデータのエラー、分岐条件などにより、テスト項目リストを作成しておく必要もあります。

フロー図の作成中に課題が発生した場合は課題管理表を作成し、残りの部分を進め、課題は別途検討して解決します。

フロー図は、誰が見ても分かる内容で作成する必要があります。第三者が見て内容が分からないフロー図は悪いフロー図です。悪いフロー図は、主に3つのケースで判断できます。

1つ目、開始位置が分からないフローです。
フローがシンプルな業務であればさほど影響はありませんが、アプリケーションとのやり取りが多い業務は伴ってフローが複雑になってきます。その際、どこから開始しているのかが分からないと最初で躓くことになります。

2つ目、業務の流れを表す線が複雑に交差しているフローです。
フロー図の中で業務の処理と処理をつなぐ接続線が複数、複雑に交差している図は全体的に業務の流れが分かりません。

3つ目、条件の記載が曖昧なフローです。
フロー図を作成すると必ず条件分岐が発生します。条件分岐が分かりづらいとどういった場合に何の処理を行えばよいかが不明になります。

悪いフローの逆を意識すれば、誰が見ても分かるフロー図を作成することが可能です。
以下を意識してフロー図を作成しましょう。

業務の開始位置、開始条件を明確に記載する

これは単純にその業務が何をきっかけに開始するかを明確にすることです。
たとえば、「メール受信時」、「○日の○○時になったら開始」などです。

図形の配置に気を付け、時系列の流れを明確にする

フローチャート式で分かりやすくするために図形と詳細は別々で明記する必要があります。フローチャートの横に枠を用意し、図形に番号を付け、紐付ける形で詳細を記述しておきます。

■ 図2.8 フローチャートの書き方①

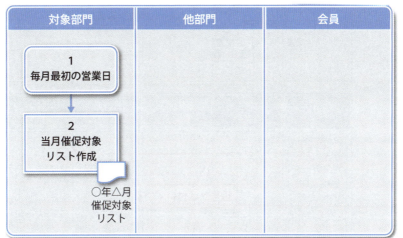

第2章 開発検討から運用までのプロセス

■ 図2.9 フローチャートの書き方②

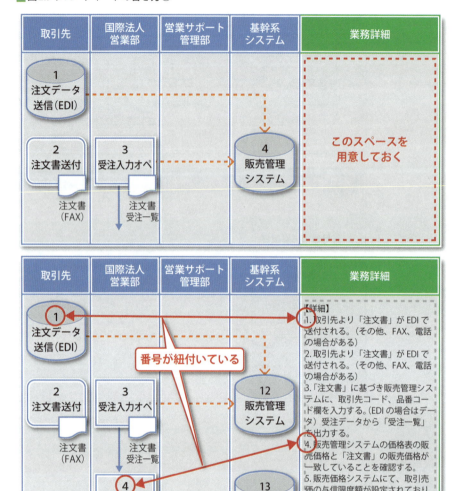

　処理と処理の接続線は可能な限り交差しないようにすべきですので、各図形の配置に気を付ける必要があります。また同時に時系列との関係性が分かるように書くことが大切です。

2-6-1 条件分岐を明確にする

　条件分岐はフロー図の中で重要な項目です。業務の流れが分岐する際には条件分岐を明確にしておく必要があります。分岐の条件が明確でないと、第三者がフローを見た時にその業務にどういったパターンが存在するのか把握できません。

　ここで挙げた3つのポイントは当たり前のことかもしれませんが、意識していないと悪いフロー図になってしまうことがしばしばあります。
　常に誰が見ても分かるフローを残す意識を持って、フロー図を書くように心掛けましょう。

　フロー図の作成と共に、シナリオ開発計画を策定することもお勧めします。
　これは、**仕様書**とも呼ばれます。

■ 図2.10 仕様書

図2.11 シナリオ開発計画

項番	処理内容	担当者	4/1	4/2	4/3	4/4	4/5	4/6	4/7	4/8	4/9	4/10
1	顧客顧客情報システム起動	A	●									
2	処理ファイル起動	A	●									
3	処理データ読込	A	●									
4	条件分岐：データの有無	A	●									
5	条件分岐：データの書式	A			●	●						
6	条件分岐：手作業可否	A			●	●						
7	顧客情報システム入力・登録	B	●									
8	処理ファイルに正常結果反映	B	●									
9	処理ファイルに以上（手作業）結果反映	B					●					
10	処理ファイルに以上（不備）結果反映	B					●					
11	顧客情報システム画面初期化	A		●								
12	処理ファイルをリネームし保存	A		●								
13	条件分岐：不備の有無	B						●				
14	不備ファイルを作成	B						●				
15	処理ファイルを閉じる	C		●								
16	顧客情報システムを閉じる	C		●								
17	テスト項目作成	A							●			
18	テスト実施	B								●	●	
19	マニュアル・仕様書作成	C									●	
19	納品	C										●

仕様書は、以下の内容を箇条書きでまとめたものです。

- 業務の概要
- 前提条件
- 対象作業
- エラー対応
- インターフェース（インプットとアウトプットの内容）
- 体制
- 開発スケジュール

管理統制機能を導入していない場合には、この仕様書にOSやアプリケーションのバージョンなどを記載しておくことでシナリオ改修要否判断が可能となります。

2-7 例外、エラー時の処理は明確なルールを設定する

たとえば、人間であれば、データ登録の一部情報が不明だった場合、該当データの登録を後回しにして、その他のデータ登録のみを対象として作業を進めるなど、人間の判断による高度なルールでの作業が行われます。

しかしソフトウェアロボットは人間と同じ思考を持っているわけではありませんので、そういった作業ルールを例外、エラー発生時の処理として明確なルールを設定しておく必要があります。

これが不十分だった場合、一部情報が不明でも登録処理を進めることで、エラーが発生して作業が停止、最悪の場合は大量の不備データの生成による事故が発生する可能性もあります。

こういったルールの設定に時間を要する場合には、まずは大きな条件でルールの設定を行い、徐々にルールの設定を細かくしていく方法もあります。全体の一部分でもRPA化することによって効果が生まれる場合も少なくありません。

しかし、全ての作業を同じ要領でRPA化してよいというわけではありません。整理した業務のフローチャートや、作業者の意見を参考にして導入を進めましょう。

最初はエラーとなり得るケースは人が判断する処理として設計し、エラー対応が自動化できると判断できたタイミングでエラー処理を自動化します。

ソフトウェアロボットによる自動化は、先に述べた例外やエラー処理が発生した場合の明確なルールを設定する必要がありますが、全てのルールを事前に明確化することは難しいです。ロボットによる作業品質を担保するために、導入前の検証（事前テスト）は必ず行いましょう。

第2章 開発検討から運用までのプロセス

2-8 RPAにおけるDevOpsと アジャイル開発

RPAの開発で重要なポイントは開発部門と運用部門との協調です。

RPA導入は、プログラム開発とは異なりますのでDevOps（デブオプス）やアジャイル開発という言葉が最適ではないかもしれませんが、シナリオ開発部門とRPA業務運用部門がお互い協調して進める必要があります。

これにより、RPAの効果を高めるだけでなく、その効果をより確実かつ迅速に運用部門に届け続けることができるのです。

DevOpsという言葉は、システム関係やプログラマー以外にはあまり馴染みがない用語かもしれません。これは、システム開発の段階から開発担当と運用担当が協力・連携して進めるべきという考え方です。

> **NOTE**
>
> DevOps：開発（Development）と運用（Operations）を組み合わせた言葉

開発担当者と運用担当者は「ソフトウェアを通してビジネスの効果を安定的に生み出す」という共通の目的を持っています。

RPA導入の場合、シナリオを開発して終わりではなく、その後の運用やメンテナンスも効果を生み出す中では重要な部分となるため、このDevOpsの概念はRPA導入において非常に重要です。

RPAは業務運用に密接に関連しているため、シナリオ開発と運用を完全に分けることができません。

一旦作成したRPAシナリオであっても、そのまま動作し続けることができる期間は不明です。

実行状況を常に意識し、シナリオをメンテナンスしていく必要があります。

RPAは元々システム化が難しい業務を対象とすることが多いため、取引先の変更、取扱商品・品目の追加などの業務都合や自動化対象としていたシステムの仕様変更など、様々な理由でメンテナンスが必要になります。

「業務の自動化・効率化」には終わりはありません。継続的な運用・保守から更なる改善活動を進めていくことが重要です。

RPAでは、一旦シナリオを開発・リリース(手動→自動切り替え)したら終わりではなく、継続的にうまく実行されているか、他に効率的な業務のやり方が無いか、想定外の例外処理が発生していないか、など継続的な確認を行うことが大切です。

このようにRPAは継続的に「効果の最大化」を考えていく必要があるため、どのようにRPAを使って業務を進めるべきなのか、開発担当と運用担当の協調がいかに重要であることが分かってきます。

RPA開発は一般的なシステム開発と異なり、1つのシナリオを開発してはリリースして使ってみる、いわゆるアジャイル開発となります。

開発担当部門での作成〜テストが完了後、RPAシナリオをリリースし、運用担当部門での動作状況を確認しながら、次のシナリオ作成に取り掛かります。「開発」と「運用」がDevOpsとして一体で進めるべきものなのです。

システム開発では一般的にウォーターフォールかアジャイルどちらかの手法で開発を進めます。

図2.12 ウォーターフォール型とアジャイル型の違い

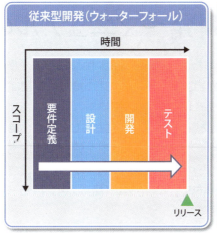
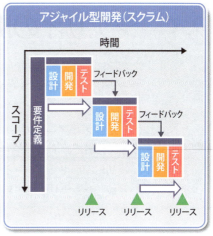

ウォーターフォール開発では、プロジェクトの最初に開発すべき機能全体を定義します。そして、水の流れが逆戻りしないのと同様に「決して逆戻りせず」設計・開発・テストと順次進めていくシステム開発の手法です。

ここで考えていただきたいのは、RPA導入において、プロジェクト当初から開発すべき機能を全て定義できるか、という点です。

第2章 開発検討から運用までのプロセス

　RPAとは実際にどのように業務を自動化できるのか、利用しているシステムが本当に自動化できるのか、向く業務・向かない業務やどの程度の効率化効果を期待できるのかを確認しながら開発、運用していくものです。

　作成したRPAシナリオをテストし、ある程度満足のいくところまで自動化できると感じたシナリオから実際に運用します。
　プロジェクト全体で整理した全てのシナリオの完成度を100%にして一斉にリリースするようなことはあり得ません。
　これはウォーターフォール開発ではありません。

　開発の対象を分割し、開発〜リリースのサイクルを細かく継続して行うことで、1つずつ機能を追加的に開発します。これにより、手戻りリスクを最小化します。正にRPAを導入する場合の開発・リリースモデルと言えます。
　RPAはシナリオを作成し、シナリオ作成ができ次第、順次運用部門で実行し、稼働状況の様子を見ながら小改善を常に繰り返すこと、それが業務改善の手法に紐付くのです。

2-9 シナリオの開発〜マニュアルの作成

　実際にシナリオ開発を始めたら、同時にシナリオマニュアルを作成します。
　シナリオ開発はフロー図の工程単位で開発を行います。詳細は業務マニュアルや処理のキャプチャなどを基に作成します。
　既存の業務マニュアルが文章を中心に作成されている場合、現場担当者とシナリオ開発者で画面遷移や対象のコントロールに相違が生じる可能性があります。
　事前に画面キャプチャを使って画面遷移の資料を作成することをお勧めします。
　作成したシナリオは工程単位ごとに動作確認(簡易テスト)を行っておくと、後のテストプロセスが容易になります。
　シナリオマニュアルは既存の業務マニュアルをベースにシナリオの要素を追加したドキュメントです。

図2.13 交通費精算シナリオマニュアルの例

シナリオマニュアルには以下の要素を含みます。

- シナリオ実行の前提条件
- シナリオ実行方法
- 不備文言などの説明
- エラー発生時の対応方法

開発の際、保守性、汎用性、エラー対応においては以下を考慮しておきましょう。

第2章 開発検討から運用までのプロセス

■ 図2.14 開発時の考慮

保守性	・ビジネス環境上で変化しやすいデータは Excel やテキストファイルなどで外部管理とする ・ファイルへのパスは変数化しておく
汎用性	・同一アプリケーションへの処理はサブルーチン化（処理をタスク単位でまとめる） ・実行環境の性能に応じた待機方法を設定する
エラー対応	・例外検知のチェックは必ず設定する ・例外判定とエラー情報の収集を設定し、エラー発生時にシナリオがどこまで実行されたか分かるようにする

2-10 イレギュラーパターンも含めたテストの実施

　開発を進める中で簡易テストを行い、開発が完了したタイミングで本格的なテストプロセスを実施します。テスト実施による品質の担保は正常系と異常系の2種類を実施して担保します。

　まず、正常系の品質は、**テストのパターン×データ量×回数**によって担保します。
　できる限り多くのデータ・前提の元でテストを繰り返し、品質を担保するしかありません。

　また、一度うまくいったとしても、二度目も成功するとは限りません。
　同一のデータを利用して、複数回問題なく正常に動作するかどうかのテストは必ず行いましょう。
　異常系のテストは業務担当者による経験値から想定するイレギュラーパターンを作ります。基本的に例外、エラー発生時のフローに流れる想定をしていますが、正しく例外、エラー発生時のフローに流れるかのテストも必要です。

■図2.15 テスト内容・スケジュール

項番	項目	データ	テスト実施日	実施者	可否	修正処理
1	正常データ1	項目名：○○				
2	正常データ2	項目名：△△				
3	正常データ3	項目名：×××				
4	エラーデータ1	項目名：○○				
5	エラーデー2	項目名：△△				
6	分岐A：True	変数：○○				
7	分岐A：False	変数：△△				
8	分岐B：True	変数：AA				
9	分岐B：False	変数：BB				
10	繰り返し条件A	カウント変数：○○				
11	連続実行	30回				

エラーが発生しやすいケースを以下にまとめました。エラー発生時にはどこに問題があるのか、何を行えばよいのかを冷静に判断して対処しましょう。

- 処理遅延(表示速度)エラー：画面更新より先にロボットが動いてしまう
    →処理待ち対応を入れる、処理待ち時間、操作対象の要素が表示されるまで待つ
- 画面仕様変更：Excelのバージョン変更やサイトの仕様が変更される
    →発生するたびに、ロボットの修正を行う
- インプットデータの不正；登録データに不備があり、登録アプリケーションでエラーが発生する
    →インプットデータの内容を確認し、取得元での仕様変更が無いか確認する
- ロボットが予期せぬ動きをする：例外想定の範囲で正常処理として動いてしまう
    →業務の整理が不十分な可能性があるため、再整理の上、ロボットを修正する

最後にもう1点、ロボットの実行結果ログ管理方法を確認しておきましょう。
実行ログの収集は作成したシナリオを改善していくために必要となってきます。

第2章 開発検討から運用までのプロセス

2-11 導入初期の評価ではあまり時間をかけない

RPAの効果は、塵が積って山となる

　実際に導入を行い、有用性を評価するための基準や評価方法で、どの業務のどの部分でどのくらいの効果が期待できるのか、RPA化要否の勘所が見えてくるかと思います。

　評価方法や対象にもよりますが、すぐに大きな効果を生み出すことは難しいです。

　効果を実感しながら着実に導入を進めるには、最初からあまりハードルを高くせず、評価にもあまり時間をかけないことです。

　最初は少し長めのスケジュールで段階的に評価することをお勧めします。

　そして、まずはシンプルにRPA化する意味があるか無いかを評価してみてください。

　小さくても生まれた効果情報を元に適用範囲を広げることが可能になり、自信を持って対応していくことで、高い導入効果が得られ、現場での好循環が生まれます。

　また、たとえ失敗が生まれても範囲が小さいため、すぐに修正が可能なのも利点です。

　試行錯誤して高いクオリティを生み出してきた日本の技術力は、このホワイトカラー業務においても同様な期待が持てます。RPA導入を通じて現場力(何を行うことが最適なのか)を高めることによってビジネスの変革に強い会社を作っていけるでしょう。

2-12 運用保守

RPAロボットの運用を行う上で、想定すべき「変化」があります。

- 業務フローは常に変化する
- 担当者は変化する(異動、担当者変更、入退社など)
- システム環境も変化する

丁寧に業務フローを整理し、RPAシナリオを作成して自動化しても、ビジネスの環境は常に変化しています。これは会社にとって良いことでもありますので避けることはできません。

人事異動、退職、外部環境の変化などをきっかけに、RPAシナリオをどう修正したらよいか分からなくなると、結果的にRPAが使われなくなってしまいます。

そのためにもこれまで学んだ、フロー図、マニュアルなどのドキュメント類の作成や、運用・保守体制をある程度考慮してRPA導入は進める必要があります。

導入当初は全て完璧だと思っていても、それは記憶が新しく、マニュアル類の在り処も明確だからです。

異動などで当初のメンバーが不在になった時の引き継ぎをしっかり行い、どこをどう直すべきか、誰かが把握しておく必要があることを忘れてはいけません。

2-12-1 運用保守に必要な情報

これまでに説明した、フロー図やマニュアルなどのドキュメント類は、シナリオ開発時に作成するものとしてお勧めしてきました。それとは別に、運用保守時には、やってみて新たに出てくる情報など、運用保守のために必要な情報があります。それらを以下にまとめました。

1.シナリオの処理概要

シナリオの処理概要を記載します。運用保守担当者は、その業務(シナリオ)を全く知らない可能性があります。どのような処理を行うのか、簡潔に記載します。

2.実行結果確認方法

実行結果の確認方法を記載します。シナリオが正常に実行された場合と、エラーになった場合の両方を記載します。

第2章 開発検討から運用までのプロセス

■ 例

- **正常実行またはエラー時の結果確認方法**

  例）どちらの場合もメール通知される

  例）メール通知文に、成功●件、失敗●件と件数の通知がある

  例）所定フォルダに●●という名前のExcelファイルが格納されていれば正常
  実行、格納されていなければエラーと判断できる

- **アウトプットデータ内の正常処理、エラーの判断方法**

  例）ExcelのE列のステータス欄に、成功もしくは失敗の記載がされる

- **アウトプットデータの正誤判断方法**

  例）ExcelのC列〜F列全てに何かしら値が記載されていることが正しく、空
  欄は誤りである

3. エラーへの感度

　エラーが発生した際に、すぐに保守対応が必要か記載します。運用保守担当者は、
複数のシナリオを担当している可能性があります。万が一、複数のシナリオでエ
ラーが発生した場合、何から対応すべきか優先順位をつける際の指針になります。

■ 例

- 対象のシナリオは1時間ごとにスケジュール実行されており、エラーが発生
  した場合も、1時間後のジョブで正常実行する場合があるため、一度のエラー
  での保守対応は不要である

- 一部のトランザクションエラーが発生しても、1時間後のジョブで処理データ
  として扱われるため、一度のエラーでの保守対応は不要である

- エラー時はシナリオの再実行をするようシナリオ実行者に伝えている。3回同
  じエラーが発生したら保守担当者に連絡するように伝えているため、シナリ
  オ実行者から連絡がない限り、保守対応は不要である

- 業務担当者がエラー通知を見て、手作業に切り替えるため、すぐのリカバリ
  は不要である

- すぐにリカバリをしないとその後の業務に影響があるため、早急な対応・判
  断が必要である

> **NOTE 「ジョブ」とは**
>
> 　一般的には、コンピューターが実行する仕事の単位を表す用語です。ここでは、
> 1回のシナリオ実行を意味しています。

> **NOTE 「トランザクション」とは**
>
> 　一般的には、関連する操作を1つのまとまった処理として取り扱い、全ての操作が成功した場合のみ全体として成功した状態にならないとする仕組みのことを指します。例えば、システムに5項目を入力して登録を繰り返す作業があり、それを10回繰り返すとします。そのうちの1回の作業のことをトランザクションと言います。

4.エラー時の対応

　エラー対応時は誰に連絡をして、どういった対応が必要なのか記載します。運用保守担当者は、そのシナリオの実行者（実行部署）を全く知らない可能性があります。また、エラーによる業務影響も把握していない可能性があります。「3.エラーへの感度」とあわせて、明確にしておきます。

■例
- エラー対応時は、●●さんに連絡をし、解消目処を伝える必要がある
- エラー対応時は、エラーになったデータを業務担当者が処理しないよう伝える必要がある

5.改修する際のテスト実行方法

　エラーを確認し、シナリオの改修が必要という判断になった際に、運用保守担当者が改修時にテスト実行したり、改修完了後、全体テストを行う際の方法・手順を記載します。テストデータやテスト環境があれば安全にテストができますが、場合によっては本番データや本番環境しかないこともあります。その場合は、その旨も記載し、本番データや本番環境を利用する際の注意点を記載します。

■例
- システムのURLをテスト環境用のURLに修正する必要がある
- 業務担当者に●●のデータをテスト実行したいと連絡する必要がある
- 本番環境内にテストデータを設置する必要があるため、業務担当者にその旨を連絡する必要がある
- テストデータが作成できないため、本番データの設置を業務担当者に依頼する必要がある
- 本番データしか利用ができないため、最後のシステム登録ボタンは押さないようにシナリオを修正し、テストする必要がある

6.リカバリ方法

リカバリとは、ここでは、そのジョブで処理すべき・されるべきだったデータを、シナリオを再実行することで処理する、と定義します。シナリオが操作するシステムが一時的に表示されなかったことによるエラーのため単純な再実行や、エラー改修後の再実行方法について記載します。

例

- 再実行前に業務担当者に連絡を行い、承諾を得る必要がある
- 再実行前に業務担当者に連絡を行い、処理データの配置依頼が必要である
- 再実行前に所定フォルダ内に●●ファイルを削除する必要がある(前回のシナリオエラー時に途中までシナリオが実行されたことで作成したファイルの削除)

2-12-2 運用保守の対応履歴

運用保守していくと、同じようなエラーが発生する可能性は十分にあります。エラーの原因や対応方法の履歴を記載していくことで、エラーが発生した場合には履歴を確認し、エラー対応の効率化や対応方針の大きな指針とすることができます。

1.シナリオのバックアップ

シナリオの修正は運用保守で必ず発生します。修正する前に、必ずバックアップを取りましょう。また、バックアップは可能な限り過去分を保存してください。過去の修正内容を参照する際に、過去分のシナリオのバックアップがあれば、具体的な確認をすることができます。

2.対応履歴

記録はExcelやGoogleスプレッドシートなど何でも構いません。以下の情報を記載することをお勧めします。

- エラー発生日
- シナリオ名
- エラーになったノード/ライブラリ
- エラー文言
- 原因

- 対応内容
- ステータス
- 対応完了日
- 対応者

　これまでお伝えした内容は、現在の運用保守担当者には頭の中に入っている情報で、作成するには少なからず工数がかかるため、おざなりにされがちです。ですが、RPAは使い続けて初めて効果が出るものになります。未来のためにも、運用保守に必要なドキュメントも作成しましょう。

　また、困った時には日本中に同士がいることを忘れてはいけません。
　WinActorにはユーザーフォーラムが存在しており、相談してみるのも1つの手段かもしれません。

https://winactor.com/questions/

図2.16 ユーザーフォーラム

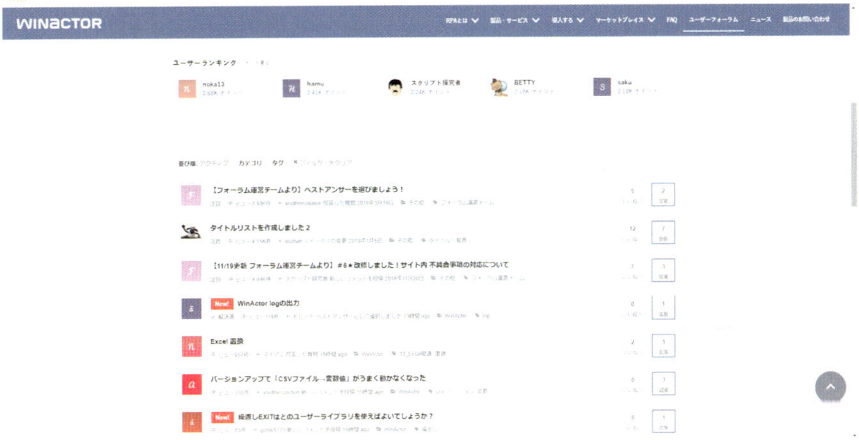

第3章

WinActorとは

本章ではWinActorの基本情報や特徴に触れながらソフトバンクでの経験を踏まえた利用時の注意点などを紹介します。

3-1 WinActorの特徴

　WinActorはNTTアドバンステクノロジ株式会社が開発した純国産のRPAツールです。Windowsで動作するあらゆるアプリケーション操作をシナリオとして学習し、操作を自動化することができます。

　WinActorの最大の特徴は何と言ってもシナリオの開発方法が他の主要ツールと比較しても簡易的であるということです。私たちは様々なRPAツールを調査し、実際に見たり触ったりしてきました。6つのツールを調査した結果を以下の2軸でプロットするとこのようになります。

- 縦軸：実行環境(サーバー型/クライアント型)
- 横軸：シナリオ作成の難易度(専門的/簡易)

■ 図3.1 実行環境とシナリオ作成の相関図

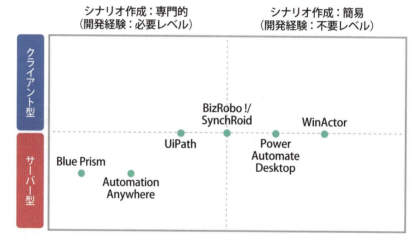

※著者による独自評価となります。

　この図からも分かるようにWinActorは最もシナリオ作成を簡易的に行えるツールとなっています。
　私たちの経験上、通常使う範囲ではプログラムのコーディングを行う必要は全くと言ってよいほどありません。予め提供されるノード・ライブラリと呼ばれる様々な機能を持ったパーツ群から必要なパーツをフローチャートに並べていくだけです。あとは並べたパーツに対して提供されるGUIから必要な設定を行う。これだけで業務自動化のシナリオが作成できます。

3-2 ソフトバンクがWinActorを選んだ理由

それでは、なぜソフトバンクがコンシューマ事業における業務効率化のキラーツールとしてWinActorを採用したのか。

ソフトバンク株式会社の携帯電話やインターネットサービスのお客様サポートを行うコールセンターでは常に「品質向上」・「業務効率化」という命題を持って業務に取り組んでいます。

そのような中で2017年頃からRPAという技術が登場し始めました。まさに我々が追い求めてきた命題に関わる様々な指標を大幅に改善できる救世主が登場してきたのです。当然私たちはRPAを業務に取り入れるべく真っ先にアクションを起こしました。

その当時の私たちもどんな業務が自動化できるのか、RPAツールは何を使うべきなのかといった皆さんが直面する最初の課題に向き合う必要がありました。ただ、私たちがRPAツールを選定する際の基準はあまりにも明確でした。それは「現場主導」が実現できるかどうか。これが最重要ポイントだったのです。

ソフトバンクでは全国で複数のコールセンターを運営しています。そんな中で全センターの業務マニュアルを中央集権的に本社に集約し、本社で一元的にRPAの開発を進めることは非常に非効率であり、非現実的であると私たちは考えました。私たちは各センター組織内の担当者が自身でRPA開発・保守を行える体制を構築することこそがスピード感を持ってしっかりとしたアウトプットを安定的に行うための唯一の手段であると考えたのです。

当時世の中にあった様々なRPAツールを調査しましたが、迷う必要はありませんでした。これまでセンター業務の構築・管理・運営を主な役割としてきた社員に対して、いきなりプログラム言語を習得して業務を自動化しなさいという荒っぽい方法は誰もが非現実的だとわかっていたからです。

つまり、「現場主導」を実現可能なRPAツールは専門知識不要でシナリオが作成できるWinActor以外にはなかったのです。

もう1つ、触れておかなければならない大きな要因があります。それはクライアント型で1台からでも導入でき、将来的にサーバー管理型への移行もできるという点です。

ソフトバンクのコールセンターではお客様の個人情報を取り扱うため、通常の執務室よりも更にセキュリティレベルの高いエリアで業務を行っています。その中でサーバー管理型のソフトウェアを導入しようとすればオンプレミスでのサーバー構築が不可欠となります。

本書の**第2章**でも触れていますが、RPAを成功させるコツは小さくチャレンジして小さい範囲で検証し、成功と失敗を経験した上で大きな成功へと繋げていくことです。「まずやってみる」という工程において「クライアント型」のRPAツールは非常に扱いやすいものでした。しかもその成功の先にはサーバー管理型への移行という道も準備されている、まさに願ったり叶ったりのRPAツールだったのです。

■ **現場主導に適しているポイント**

No.	特徴	ポイント
1	フローチャート形式	
2	GUIでのシナリオ開発	専門知識不要でシナリオ開発可能
3	日本語表記	
4	クライアント型としての導入	小規模導入の実現・初期投資の抑制

もし中央集権的な開発・保守方針を採用していたならば、各センターからの業務内容ヒアリングから要件定義の段階で膨大な時間と人的リソースが必要となり、更に実業務で起こりうる様々なイレギュラーケースを考慮したシナリオの開発も困難であったことでしょう。

このように「現場主導」と「WinActor」がしっかりとかみ合った結果、現在ではコンシューマ事業のセンター業務において約350人月以上もの人的稼働をRPAに置き換えるまでに至ったのです。

3-3 WinActorの導入において気を付けるべきこと

3-3-1 ソフトウェアの入手方法とライセンスの種類

WinActorのソフトウェアはUiPathなどとは異なり、アカウントを登録することでWebから入手できるものではありません。WinActorの代理店となっている企業を通してライセンスを購入しソフトウェアを入手することになります。

ライセンスの運用形態として、端末にライセンスを紐づけて管理するノードロックライセンスと、サーバー上で同時利用者数を管理するフローティングライセンスがあります。

ここでは、1台の導入から手軽に始められるノードロックライセンスを例にして説明します。

ソフトウェアはライセンス管理がされており、クライアントPC1台あたり1ライセンス必要です。なお、WinActorのライセンス契約は年間契約で、料金設定も1年間のライセンス利用料として設定されています。

WinActorのライセンスには、以下の2種類があります。

■ ライセンスの種類と機能（ノードロック版）

	ライセンスの種類	価格
1	フル機能版	998,800円/年
2	実行版	272,800円/年

(注)価格は2024年8月時点のNTTアドバンステクノロジ株式会社提示のメーカー希望小売価格

それぞれのライセンスが対応している機能は以下の通りです。

主な機能	フル機能版	実行版
シナリオ実行	○	○
シナリオ開発・編集	○	×

第3章 WinActorとは

「**フル機能版**」はシナリオの開発も実行もできますが、「実行版」はシナリオの実行のみとなっています。なぜこのように2種類のライセンスが準備されているのかと言うと、機能制限を行った「**実行版**」ライセンスを安価に提供することでよりリーズナブルに業務の自動化を実現できるようにするためです。

たとえば1台のPCを24時間動かし続けるRPAのシナリオを作ったとしましょう。その場合必要なライセンス数は開発（その後の保守含む）に使用するライセンスと24時間稼働し続けるPC用ライセンスの計2ライセンスとなります。この2ライセンスに必要な機能を見てみましょう。

■ 各役割のライセンスに必要な機能

主な機能	開発に使用するライセンス	稼働し続けるライセンス
シナリオ実行	○	○
シナリオ開発・編集	○	×

表の通り「フル機能版」相当の機能が1ライセンス、「実行版」相当の機能が1ライセンス必要ということになります。この場合もし「実行版」というライセンスが無ければ「シナリオ実行」しか行わないのにも関わらず「フル機能版」が2ライセンス必要となり、費用も以下の通り大きくなります。

■ 実行版（ノードロック版）の利用の有無によるライセンス費用差分（例）

フル機能版2ライセンス利用の場合	1,997,600円/年（998,800円×2）
フル機能版1ライセンス＋ 実行版1ライセンス利用の場合	1,271,600円/年（998,800円＋272,800円）
費用差分	▲726,000円/年

この例では2ライセンスでしたが、規模が大きくなればなるほどこの差は大きなものになります。RPAの運用方法に合わせて必要なライセンスを必要な数だけ調達することは、WinActorを使って短期間で大きなROIを実現するための1つのポイントになってきます。

また、シナリオ開発担当者と実行担当者を分ける場合、実行担当者に「実行版」のみを利用させることで、シナリオの編集をされることがなくなります。管理統制の観点からも、適切なライセンスの種類や数を検討することも大切です。

column　フローティングライセンスとは？

WinActorの通常のライセンスは「ノードロックライセンス」と呼ばれ、クライアントPC1台あたり1ライセンス必要となります。それとは別に同時稼働クライアントPC台数ごとに1ライセンス必要となる「フローティングライセンス」と呼ばれるライセンス形態の商品があります。

ここでは簡単にフローティングライセンスとノードロックライセンスを比較してみましょう。

「フローティングライセンス」の考え方

何台のクライアントPCにインストールしても同時稼働台数が1台であれば1ライセンスで利用できます。下図の場合も1ライセンスで利用可能。

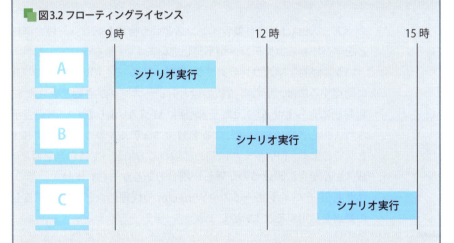

図3.2 フローティングライセンス

「ノードロックライセンス」と「フローティングライセンス」の比較

ただし、フローティングライセンスも良いことばかりではありません。以下の内容を把握した上で適切な方のライセンス形態を選択しましょう。

ライセンス形態	長所	短所
フローティング	・複数PC/拠点でライセンスを共有できる（コスト抑制の可能性）	・他PCで使用中は使えない ・管理用サーバーの構築／管理サービスの契約が必要
ノードロック	・PC単位で必ず使える	・PC/拠点の数分だけライセンスが必要

3-3-2 クライアント PC の占有

　WinActor は基本的に PC 上で人が操作する動きをそのまま再現します。つまり、シナリオ実行中はその PC では他の作業ができません。他の作業をしてしまうとシナリオがエラーで停止してしまいます。人が普段使用する PC とは別に WinActor を実行するための PC を準備するか、人が PC を操作しない早朝や深夜の時間帯に WinActor のシナリオを実行するといった工夫が必要になってきます。

3-3-3 学習コンテンツの不足

　WinActor の欠点を挙げるとしたらその 1 つは学習コンテンツの少なさかもしれません。UiPath は自社の Web 上に数十時間以上かけて学習する規模のコンテンツを無料で公開しています。

　一方、WinActor は有償ライセンスという特性もあり、一般に詳細の使用方法などを学習できるコンテンツが不足しています。「作ろう！ハンズオントレーニング」という基礎的な学習コンテンツが付随してはいるものの、実務で活用できるレベルに到達するには、更なる情報の量とトレーニングが必要といえます。WinActor を起動後に立ち上がる「ようこそ」画面に Ver7.5.0 より新しい画面表示モードが追加され、初心者向けに参考となる学習マニュアルやサンプルシナリオを確認することができます。RPA ツールに初めて触れる方にとっては自己学習だけでシナリオ作成スキルを身に着けるのが難しい場合もあるかもしれません。そのような場合は、私たち SB モバイルサービスや WinActor の代理店などが実施するセミナーや研修の受講を活用するとよいでしょう。

■ 図3.3 ようこそ画面①

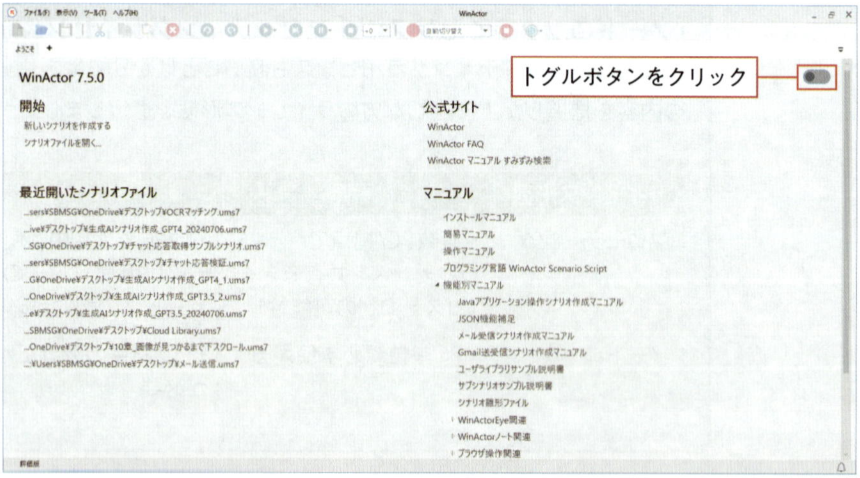

3-3 WinActorの導入において気を付けるべきこと

■図3.4 ようこそ画面②

■図3.5 サンプルシナリオ例

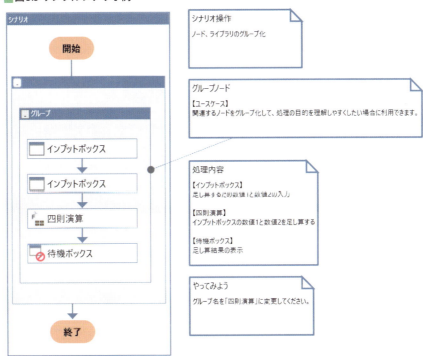

column　WinActorの管理ツール

　WinActor には「WinActor Manager on Cloud®」と「WinDirector®powered by NTT-AT」というWinActorの管理ツールがあります。

　「WinActor Manager on Cloud®」は企業内の複数のWinActorを集中管理するクラウドサービスで、インターネットへHTTPSで接続できる環境のWinActorを管理できます。

　「WinDirector®powered by NTT-AT」はWinActorを集中管理するためのソフトウェア製品で、導入にはオンプレミスのサーバー構築が必要となります。
　「WinDirector®powered by NTT-AT」の導入には管理用サーバーの構築が必要となります。

　これらのツールを導入することで各ライセンスの稼働状況の監視やサーバー側の操作でシナリオを実行することができるようになります。

図3.6 サーバー管理・統制ツール

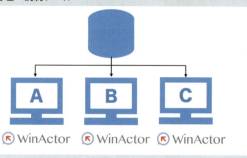

3-4 WinActor のインストール

3-4-1 動作環境

WinActor の動作環境として NTT アドバンステクノロジ株式会社が公表している推奨環境は以下の通りです。WinActor を導入しようとしているクライアントが条件を満たしているかどうか事前に確認しておきましょう。

■ ハードウェア

分類項目	内容
CPU	Core i3-6100 (2 コア 3.7GHz) 以上の x86 または x64 プロセッサ
メモリ	2.0GB 以上
ストレージ	空き容量 3.0GB 以上
画面	FHD(1920×1080)が表示可能であるもの
サウンド	シナリオ中で音を出すためのサウンド機能(スピーカを含む) ※ 音機能を使わない場合には不要

■ ソフトウェア

分類項目	内容
OS	Microsoft Windows 10 Pro Microsoft Windows 11 Pro Microsoft Windows Server 2016 Microsoft Windows Server 2019 Microsoft Windows Server 2022
実行環境	Microsoft .NET Framework 4.8 以上
Web ブラウザ	自動記録 / 自動操作対応：Google Chrome、Mozilla Firefox、Microsoft Edge(Chromium 版) Chrome/Edge を利用する場合、Ver.100 以降をご利用ください。 Firefox を利用する場合、Ver.96 以降をご利用ください。
アプリケーション	WinActor では、処理の自動実行時に外部ファイルから読み込んだ値をシナリオ中で利用する変数に格納したり、実行結果を外部ファイルに書き出したりすることができます。 外部ファイルの形式には、CSV 形式と Excel 形式(拡張子が xls、xlsx、xlsm)を利用できます。Excel 形式を利用する場合は、Microsoft Office Excel 2016、2019、2021 のいずれかをインストールする必要があります。

3-4-2 インストール方法

まず、先述の通りWinActorの代理店からライセンスを購入する必要がありますが、購入するとインストーラーが提供されます。そのインストーラーを起動することでWinActorをインストールすることができます。

インストールの具体的な手順についてはインストーラーと併せて代理店から取扱説明書が提供されますので、本書ではインストールの流れのみご紹介しておきます。

■図3.7 WinActorのインストール手順

NOTE
試用版ライセンスの場合は④の工程で完了します。

3-5 WinActorの基本操作

3-5 WinActorの基本操作

3-5-1 画面構成

　　WinActorの基本的な画面は7つの領域で構成されています。それぞれの領域の概要は次ページの表を参照してください。

　　各画面の概要は、次ページの表を参照してください。具体的なメニューの種類とその内容については後述します。

■ 図3.8 WinActorの画面構成

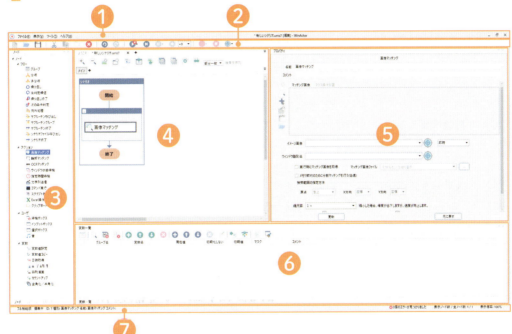

NOTE
これは基本的な画面構成ですが、エリアの大きさや配置場所を変えたり、ノードパレットをウィンドウの外に別ウィンドウとして配置する（フローティングさせる）というような、使い勝手に合わせた画面配置を行うこともできます。

❶	メニューバー	WinActorの基本メニューを選択できます。
❷	ツールバー	シナリオの実行、編集、記録の操作に関するアイコンが表示されています。
❸	パレットエリア	「ノード」「ライブラリ」等のタブを切り替えて表示できます。
❹	シナリオ編集エリア	シナリオを編集する画面です。複数のシナリオを切り替えるためのシナリオ切り替えタブ、フローチャートツールバー、フローチャートタブ、フローチャート表示エリア、ノード検索エリアで構成されています。
❺	プロパティエリア	シナリオ編集エリアで現在選択しているノードのプロパティを編集するためのエリアです。プロパティ以外に、シナリオ情報や条件式などもこのエリアに表示されます。また、機能編集エリアで設定が必要な場合も、このエリアに表示されます。プロパティエリアが表示されている場合、フローチャート表示エリアをクリックすると、プロパティエリアを閉じてシナリオ編集エリアを広く表示することができます。
❻	機能編集エリア	シナリオ編集エリアで現在選択しているシナリオの機能を編集するためのエリアです。それぞれの機能は、タブを切り替えて表示します。
❼	ステータスバー	ライセンス種類、シナリオの状態、シナリオ実行の経過時間が左に表示されます。また、右にシナリオのエラー数、表示ノード数と全ノード数、表示倍率が表示されます。

3-5-2 シナリオの作り方

WinActorはシナリオ編集画面にノード・ライブラリなどの予め準備された機能別のパーツをドラッグ＆ドロップして配置していくことでシナリオを作成します。配置したノードやライブラリの設定は後述のプロパティ設定から行います。

❶ 使いたいノードやライブラリをシナリオ編集エリアにドラッグ＆ドロップ

図3.9 ノードをシナリオ編集エリアにドラッグ＆ドロップ

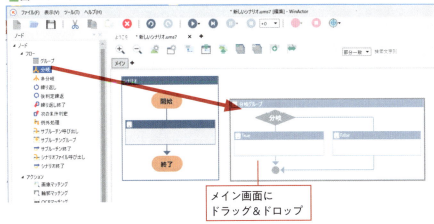

❷ 開始と終了の適切な場所にドラッグ＆ドロップ

図3.10 シナリオへのドラッグ＆ドロップ

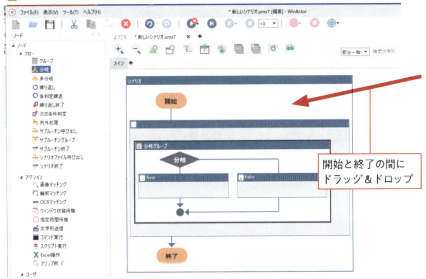

3-5-3 プロパティ設定

プロパティの表示方法には、以下の2種類があります。

①対象のノードをダブルクリック
②対象のノードを右クリックし「プロパティ表示」を選択

■ 図3.11 ノードのコンテキストメニュー（右クリックメニュー）

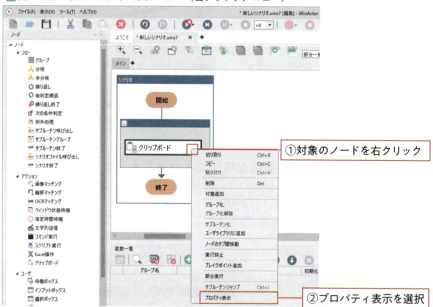

プロパティ設定の使用方法例

　名前、コメントを変更することにより、フローチャート上で作業内容を一目で分かるようにしたり、シナリオ作成者と作業者で情報共有をしたりすることもできます。
　たとえば本書におけるプロパティ設定のルールは次ページの図のようになっています。「名前」にそのノードで何の作業を行っているかを記載し、「コメント」に何のノードを使っているかを記載します。こうすることでシナリオ作成者自身もそうですが第三者がシナリオを見た時にも構造が分かりやすくなるように工夫しています。

図3.12 プロパティの名称設定例

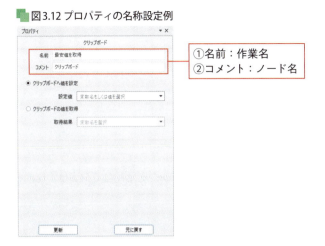

3-5-4 画像マッチング

画像マッチングは特定の画像を認識させる機能です。認識した画像に対してマウスクリックなどの動作を実行させることや判定に利用することも可能です。

図3.13 画像マッチング

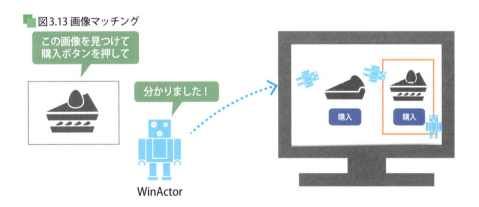

画像マッチングはどんな時に使用する？

WinActorで操作したい対象のオブジェクトが認識できない場合、画像マッチングを利用します。まずは対象システムがどういった仕様なのか確認しましょう。対象システムの仕様が分からない場合は、社内システム開発部門などへ確認しましょう。

■図3.14 画像マッチングを使用するシステム例

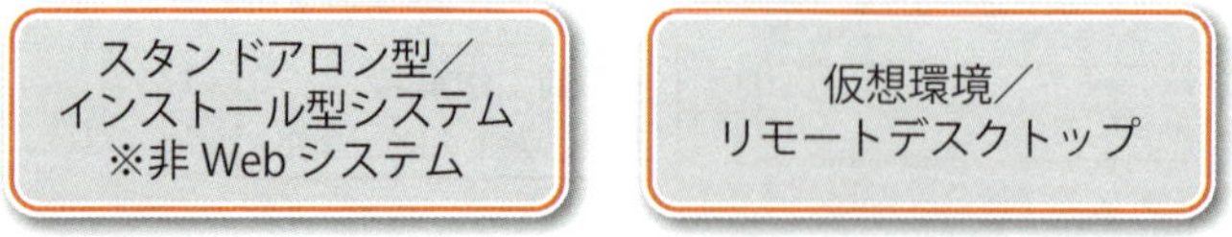

スタンドアロン型／インストール型システム ※非 Web システム

仮想環境／リモートデスクトップ

> **NOTE**
> Web ブラウザ、Web システムの操作であっても各種ブラウザ操作ライブラリで処理ができない場合は、画像マッチングを活用してシナリオ作成を行います。

3-6 対応可能なインターフェース

WinActor では複数のモード・機能を駆使することで様々なインターフェースの操作を実現しています。各モード・機能の特徴を把握して効率的で安定したシナリオの作成をできるようにしましょう。

■図3.15 対応インターフェースに応じた操作モードの選択

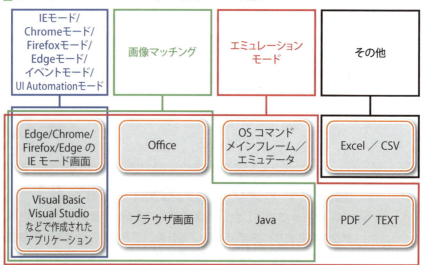

対応モード	対象	処理例
IEモード/Chromeモード/FireFoxモード/Edgeモード/イベントモード/UI Automationモード	Microsoft EdgeのIEモード(IEモード)/Google Chrome(Chromeモード)/Mozilla Firefox(Firefoxモード)/Microsoft Edge(Edgeモード)/Windows標準アプリ(イベントモード)	・ボタンのクリック ・値設定 ・値読取 ・リスト選択 ・表の値取得
画像マッチング	画像を対象にした操作	・HTML情報が取得不可 ・システム操作 ・仮想環境、リモートデスクトップ画面
エミュレーションモード	キーボード操作	・コピー（Ctrl + C） ・貼り付け(Ctrl + V) ・ウィンドウを閉じる（Alt + F4） ・ウィンドウの最大化（Windows + ↑） ・次の入力欄へ(Tab)
その他	Visual Basicスクリプトでのアプリ制御	・Excel ・Word ・PowerPoint ・Outlook ・ダイアログボックス ・ファイル操作

3-7 変数

　WinActorのシナリオ作成を行う中でプログラミング的な知識・発想が必要となるのがこの「変数」という機能になります。私たちもそうでしたが、多くの方はここでつまずくことが想像できますので、切り出してご説明しておきたいと思います。

3-7-1 変数とは？

　変数は文字や数値を入れる箱のようなものです。数学に出てくるxやyをイメージしていただくと分かりやすいかもしれませんが、条件によって入る数や値が変化する箱と考えてください。

第3章 WinActorとは

たとえば条件に応じて「液晶テレビ」「ノートPC」「スマートフォン」など具体的な商品の名前を格納したり取り出したりしたい場合、「商品」という変数を作成するとよいでしょう。

例を使って変数の使い方を見てみましょう。
たとえば各店舗で販売した商品の一覧を元に売上登録システムにその値を入力するシナリオを作成するとします。

■ 各店舗で販売した商品の一覧

日付	店舗	商品
3月3日	A店	液晶テレビ
3月10日	B店	ノートPC
3月12日	C店	スマートフォン

変数を使ってシナリオを作成する場合、下記のような考え方でシナリオを作成します。

❶ 一覧の上から順に【日付】【店舗】【商品】を売上登録システムへ入力

①の【】は、変数であることを表します。

同じ内容でも、変数を使わずにシナリオを作成しようとすると次のようになります。

❶ 1行目は「3月3日」、「A店」、「液晶テレビ」を売上登録システムへ入力

❷ 2行目は「3月10日」、「B店」、「ノートPC」を売上登録システムへ入力

❸ 3行目は「3月12日」、「C店」、「スマートフォン」を売上登録システムへ入力

このように変数を使わずにシナリオを作成しようとすると全てのケースについて直接入力する値を指定したシナリオを作成する必要があり、全く効率化が図れません。この例では3行でしたが、これが100行や1,000行になった場合を想像してみてください。全く現実的ではないシナリオ作成になってしまいます。

このように変数は非常に便利な機能ですので、ぜひ理解して活用しましょう。

3-7-2 WinActorの変数設定

WinActorにおいて変数を作成する方法は大きく3つあります。確認しておきましょう。

「変数一覧」の「新規作成」

変数一覧の追加ボタンから変数を追加します。

図3.16 変数の新規作成

「変数一覧」の「インポート」

変数名インポートボタンから変数を追加します。

図3.17 変数のインポート

ノード内プロパティの「設定値」

ノード内にあるプロパティの設定値から変数を追加します。

■図3.18 プロパティの設定値から変数を作成する

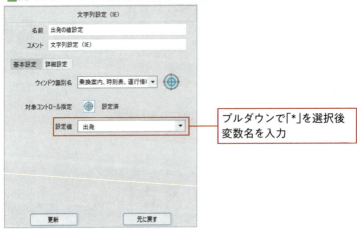

第4章

シナリオ開発標準

WinActorは法人向けに提供されるRPAツールであり、作成されるシナリオは組織で使用することが想定されます。シナリオの作成や実行、保守を組織で行うとなれば、統一の規則を定め保守性の高いシナリオを構築する必要があります。この規則のことを開発標準といいます。

開発標準の策定にあたっては、シナリオを利用する業務の内容や、PCスペック、回線速度などの利用環境、組織特有のルールなどを考慮し、シナリオ開発者や利用者からの意見も反映する必要があります。

シナリオ開発標準は導入企業・導入部門ごとに設定されるもので、その内容は条件により異なりますが、本章ではシナリオ開発標準の策定例を紹介します。

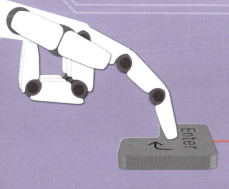

4-1 処理単位でのグループ化

> **NOTE　シナリオ開発標準の策定時期**
>
> 　シナリオ開発標準は、WinActorを導入してすぐに設定することをお勧めします。シナリオ開発標準の下に開発されたシナリオは内容の把握が容易であるので、他者が作成したシナリオを参考にしやすくなります。これは、組織内のシナリオ開発者のスキル向上・標準化につながります。

　シナリオに使用したノード・ライブラリは原則、全てグループ化します。

　処理単位ごとにグループ化することにより、グループを閉じた状態でシナリオ全体像の把握が容易になります。

■図4.1 処理単位でグループ化したシナリオのサンプル

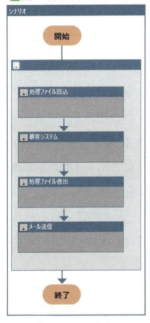

> **NOTE　フローチャートの画像化**
>
> 　WinActorにはフローチャートを画像として保存する機能があります。グループやノードの名前を、処理内容を端的に表した名前にすることにより、フローチャート画面を、シナリオフローの資料とすることが可能です。

4-2 共通処理はサブルーチン化

シナリオの各所で何度も使用する処理、ノード数が多いグループは、サブルーチンとして、シナリオのフローから分離させます。サブルーチングループはメインタブとは別のタブに作成します。サブルーチン処理を使用することによりシナリオがシンプルになり、保守性が高いシナリオになります。

■ 図4.2 サブルーチングループとサブルーチン呼び出しのサンプル-1

■ 図4.3 サブルーチングループとサブルーチン呼び出しのサンプル-2

4-3 ノード・ライブラリの命名ルール

シナリオに使用したグループ・ノード・ライブラリの名前欄には実行内容を記載し、フローチャート画面で処理の流れが分かるように命名します。

4-3-1 グループの命名ルール

グループの名前欄にはシステム・ファイルなどの処理対象が分かるように記載します。

第4章 シナリオ開発標準

図4.4 グループの命名ルールのサンプル

4-3-2 ノード・ライブラリの命名ルール

ノード・ライブラリの名前欄には処理内容を記載します。またコメント欄には元のノード・ライブラリの名前を記載し使用したノード・ライブラリの種類が分かるようにします。

図4.5 ノード・ライブラリの命名ルールのサンプル

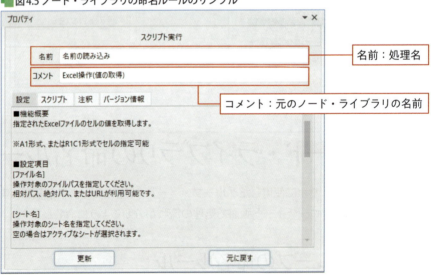

4-4 繰り返し、分岐の命名ルール

シナリオに「繰り返し」「分岐」がある場合は、フローチャート画面にてその条件が分かるように、名前欄に条件の概要を記載します。

4-4-1 繰り返しの命名ルール

図4.6.1 繰り返し命名ルールのサンプル(1)

図4.6.2 繰り返し命名ルールのサンプル(2)

4-4-2 分岐の命名ルール

分岐には、名前・コメント以外に分岐名にも分岐条件を記載することにより、分かりやすいシナリオになります。

第4章 シナリオ開発標準

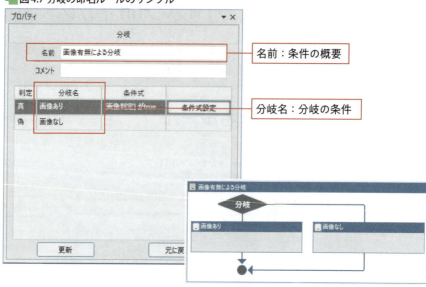

図4.7 分岐の命名ルールのサンプル

4-5 変数の取扱いルール

4-5-1 変数の命名ルール

変数名はシンプルに日本語の名詞のみで記載し、変数が何を格納しているか明確に記載します。また、同じ種類の変数を設定する場合は値を取得したシステム、ファイル名などを記載します。

例
- フォルダ名
- 処理ファイルパス
- 商品名(システム)
- 商品名(Excelファイル)

4-5-2 変数の結合ルール

WinActorの変数は「%」を挟むことにより変数と文字列もしくは変数と変数を結合することができます。しかし、上記を利用した場合は変数一覧画面にて変数の名前を変更してもノードのプロパティ画面の変数名が自動的に更新されずエラーの原因になりますので変数値の結合はライブラリ「文字列の連結」で行います。

■図4.8 変数の結合ルール-1

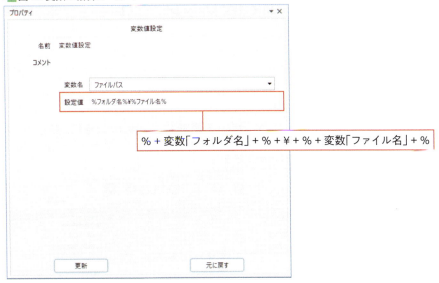

■図4.9 変数の結合ルール-2

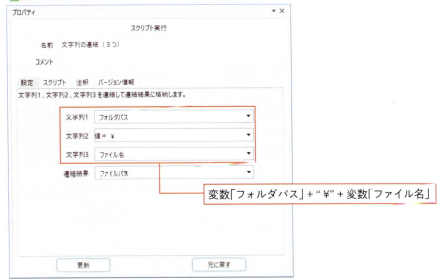

> **NOTE　変数名に使用できる文字**
>
> 　WinActorでは変数名にアルファベットも利用することができます。日本語、英語どちらを使うかも併せてルール化しましょう。

4-6 定数の取扱いルール

「変数」の中でも値の変わらない変数を特に「定数」といいます。WinActorではシナリオ内でノード「変数値設定」を使って定数を設定することもできますが、後の保守性を重視して、変数一覧画面で設定します。

変数一覧画面より「変数名」を登録し、定数の値を「初期値」へ入力

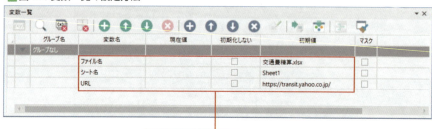

図4.10 変数一覧の設定方法

「変数名」を入力
定数の値を「初期値」に入力

> **NOTE**
>
> 変数一覧画面の編集は、実行版ライセンスではできません。変数一覧画面の初期値を設定したシナリオを実行版ライセンスで実行する場合、その実行版ライセンスがインストールされたPCでは変数一覧画面の編集ができない点を留意ください。その際は、フル機能版がインストールされたPCでシナリオを開き、編集をする必要があります。

もしくは、変数の値をExcelファイル(ここでは「設定ファイル」と呼びます)から読み込むようにします。上記の変数一覧画面での設定よりシナリオ作成をする必要があり、ひと手間かかりますが、編集する際はシナリオファイルを開く必要はなく、Excelファイルを開いて書き換えれば変更ができるようになります。

4-6 定数の取扱いルール

設定ファイルを作成し、シナリオ内で読み込み、定数の値を設定

❶ 設定ファイルのExcelを作成

図4.11 設定ファイルの設定方法

❷ シナリオ内で設定ファイルの値を取得

図4.12 シナリオ内の設定方法

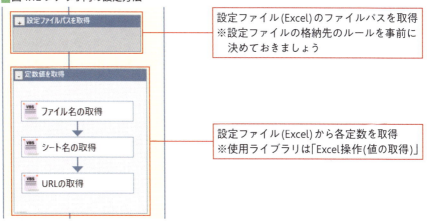

> **NOTE**
>
> 　変数の値を外部ファイルから読み込むようにすることを、一般的に変数の外だしと言います。シナリオを実行する方が業務担当者で、WinActorのシナリオ作成の知識がないことも想定し、今回は外部ファイルを一番馴染みのあるExcelで紹介しました。

　この設定ファイルを共有のファイルサーバーに置けば、WinActorがインストールされていないPCからでも変更ができるようになるため、お勧めします。

81

第4章 シナリオ開発標準

4-7 シナリオの命名ルール

シナリオ名には処理する業務の処理部署、業務区分、処理内容やシナリオのバージョン情報が分かるようにルールを決定します。

📗 例
- 部署_処理内容_ver1.2.ums7
- 業務区分_処理内容_ver2.5.ums7

4-8 ウィンドウ識別名の整理

ウィンドウがすでに識別されていても、ウィンドウのサイズなどの条件が違う状態で取得した場合には別のウィンドウとみなされ、意図せず新たな識別名が作成されることがあります。同じウィンドウ名が複数できた場合はノードの紐づけを変更したうえで削除するようにします。

❶ フローチャート画面より「ウィンドウ識別ルール」ボタンをクリック

📗 図4.13 ウィンドウ識別名の整理-1

❷ **同じ名前のウィンドウ識別名が作成されていることを確認**

図4.14 ウィンドウ識別名の整理-2

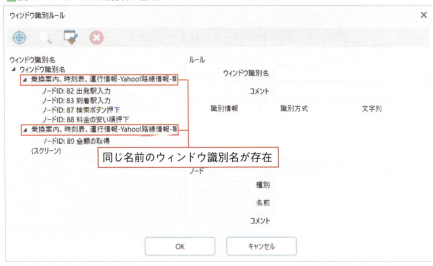

❸ **紐づいているノードを移動先のウィンドウ識別名へドラッグ＆ドロップ**

図4.15 ウィンドウ識別名の整理-3

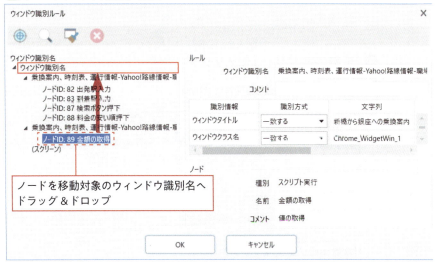

第4章 シナリオ開発標準

❹ 不要となったウィンドウ識別名を削除

■ 図4.16 ウィンドウ識別名の整理-4

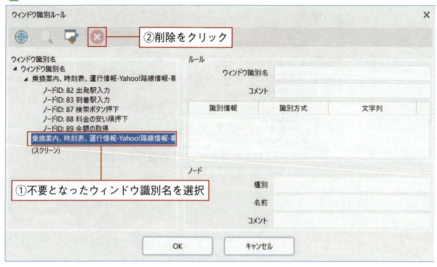

4-9 不要な変数の削除

変数一覧画面から変数参照ツリー画面を開き、使われていない変数があれば削除します。

❶ 「変数参照ツリー」をクリック

■ 図4.17 不要な変数の削除方法-手順①

❷ ノードが紐づいていない変数を確認

🟩 図4.18 不要な変数の削除方法-手順②

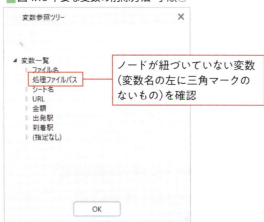

❸ 対象の変数名を選択して「削除」をクリック

🟩 図4.19 不要な変数の削除方法-手順③

4-10　複数のインターフェース

　WinActorは4つのインターフェースで自動化処理を行います。シナリオの作成にあたっては複数のインターフェースを使って作成することができますが、使用インターフェースの優先順位を決めておくことで組織として安定したシナリオを作成することができます。(但し、あくまでもシナリオの完成を目指すことが大切です。)

インターフェース	優先度
UI識別型(Edgeモード/イベントモード/Chromeモード)	高
ファイル向け(Excel/CSV)	高
座標指定型(エミュレーションモード)	中
画像マッチング/輪郭マッチング/OCRマッチング	低

4-11 シナリオフレームワーク

シナリオのフレームワーク例を紹介します。フレームワークとは、シナリオの骨格を意味しています。本項で言及するフレームワークは、一般的な意味と多少異なるかもしれませんが、分かりやすい呼び名としてフレームワークと表記します。

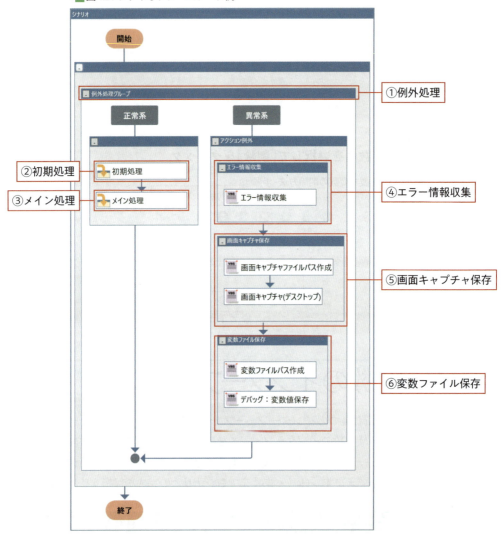

図4.20 シナリオフレームワーク例

①例外処理

シナリオ全体を例外処理グループで囲みます。こうすることで、シナリオ内のどこかでエラーが発生した場合、異常系のルートへ流すことができます。
※例外処理については、第9章でも解説します。

②初期処理

前述の「4-6 定数の取扱いルール」で紹介した、設定ファイルの読み込みを行います。初期処理はシナリオごとに異なる動きをするのではなく、共通の動きをする処理のイメージなので、サブルーチンにします。また、現在日時も取得し、変数に格納しておきます。

図4.21 初期処理のサブルーチン例

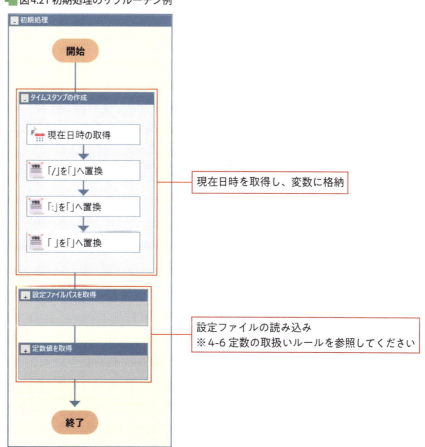

第4章 シナリオ開発標準

■ 図4.22 プロパティ画面＿現在日時の取得

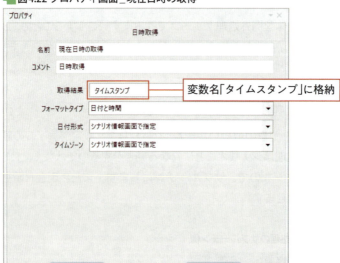

> **NOTE**
>
> 日時取得のノードで返ってくる値は、「2024/08/14 12:52:45」の形式になります。「/」や「:」はファイル名に利用できないため、このあと文字列置換のライブラリを使い、空欄に変換します。また、ひとまとまりになっていたほうが良いため、日付と時刻の間の半角スペースも空欄に変換します。

■ 図4.23 プロパティ画面＿「/」を「」へ変換

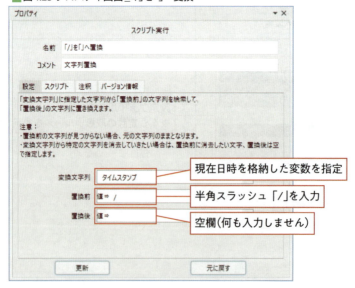

図4.24 プロパティ画面_「:」を「」へ変換

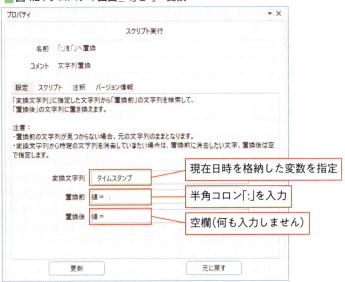

図4.25 プロパティ画面_「 」を「」へ変換

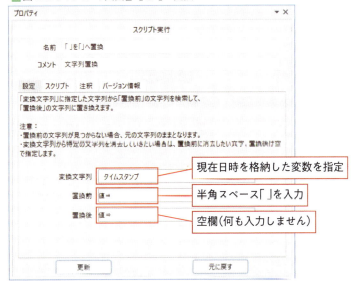

> **NOTE**
> 　設定ファイルの読み込みの設定方法は、前述の「4-6 定数の取扱いルール」を参照ください。本節では割愛します。

> **NOTE**
> 　現在日時を格納した変数は、シナリオのアウトプットファイルに付与することでユニークなファイル名にすることができ、便利です。後述する画面キャプチャや変数ファイルのファイル名にも付与しています。

③メイン処理

　このシナリオでさせようとするメインの処理を配置します。ここに直接ノードを配置していくとフレームワークが分かりにくくなるため、サブルーチンにします。

④エラー情報収集

　エラー時のノード名、ノードID、エラーメッセージを変数に格納します。後述する変数ファイル保存でこれらの情報を出力することで、エラーが発生したノード名をすぐに特定できます。ライブラリ「エラー情報収集」を使用します。このライブラリは正常系と異常系がセットになっていますが、その中の「エラー情報収集」のみを使用します。

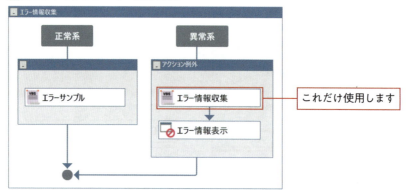

図4.26 ライブラリ「エラー情報収集」

　エラー情報収集のプロパティ設定は、デフォルトで作成される変数をそのまま使用して構いません（変数も自動的に作成されます）。
　WinActorの機能である「ログ」を利用することで同様の情報も出力できますが、正常に実行されたノードも出力され、ログの量が膨大になりがちです。エラー情報だけ確認する場合には、エラー情報収集を利用するのをお勧めします。

図4.27 プロパティ画面＿エラー情報収集

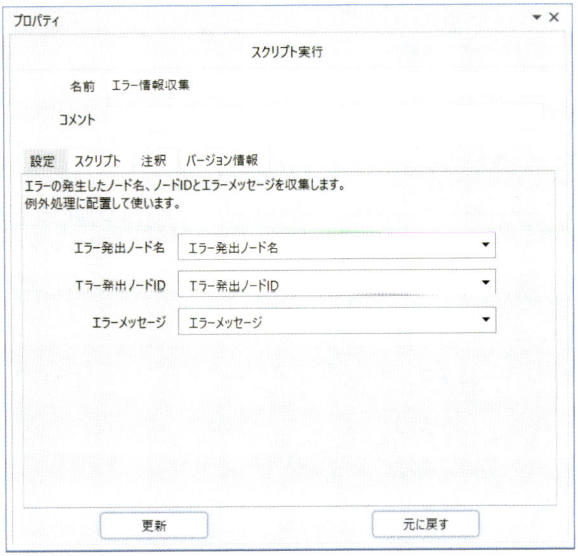

```
プロパティ                                        ▼ ✕

                        スクリプト実行

       名前   エラー情報収集

       コメント

    設定   スクリプト   注釈   バージョン情報
    エラーの発生したノード名、ノードIDとエラーメッセージを収集します。
    例外処理に配置して使います。

        エラー発出ノード名   [ エラー発出ノード名        ▼ ]

        エラー発出ノードID    [ エラー発出ノードID        ▼ ]

        エラーメッセージ     [ エラーメッセージ          ▼ ]


            [    更新    ]              [   元に戻す   ]
```

⑤画面キャプチャ保存

エラー発生時のデスクトップ全体のスクリーンショットを保存します。原因の確認に役立ちます。シナリオを実行している時にヒトがずっと見ていることは基本的にありません。エラーログを見るより、エラー発生時の画面がどんな状態か確認できたほうが原因をすぐに特定できることが多いため、画面キャプチャをお勧めします。

図4.28 プロパティ画面＿画面キャプチャファイルパス作成（例）

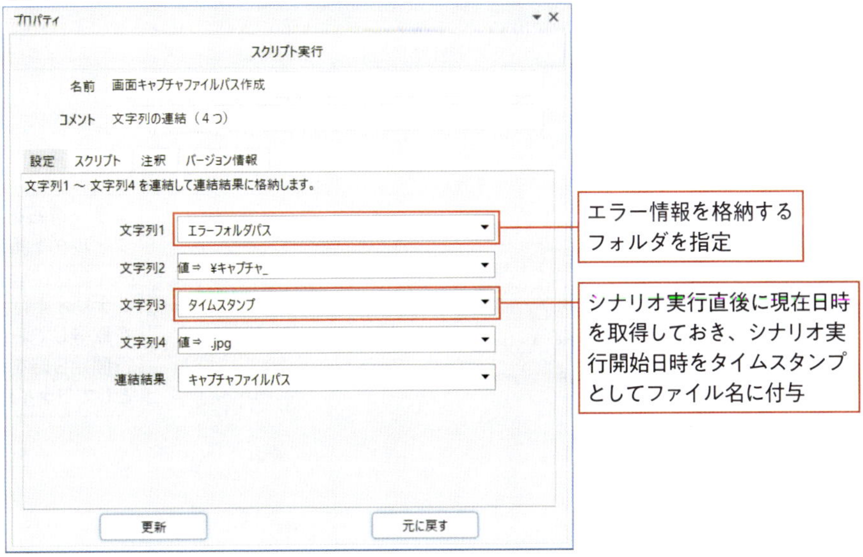

```
プロパティ                                        ▼ ✕

                        スクリプト実行

       名前   画面キャプチャファイルパス作成

       コメント   文字列の連結（4つ）

    設定   スクリプト   注釈   バージョン情報
    文字列1 ～ 文字列4 を連結して連結結果に格納します。

        文字列1   [ エラーフォルダパス          ▼ ]      ┌─────────────┐
                                                        │ エラー情報を格納する │
        文字列2   [ 値 ⇒ ¥キャプチャ_          ▼ ]      │ フォルダを指定      │
                                                        └─────────────┘
        文字列3   [ タイムスタンプ             ▼ ]      ┌─────────────┐
                                                        │ シナリオ実行直後に現在日時 │
        文字列4   [ 値 ⇒ .jpg                ▼ ]      │ を取得しておき、シナリオ実 │
                                                        │ 行開始日時をタイムスタンプ │
        連結結果   [ キャプチャファイルパス       ▼ ]      │ としてファイル名に付与    │
                                                        └─────────────┘

            [    更新    ]              [   元に戻す   ]
```

図4.29 プロパティ画面_画面キャプチャ（デスクトップ）（例）

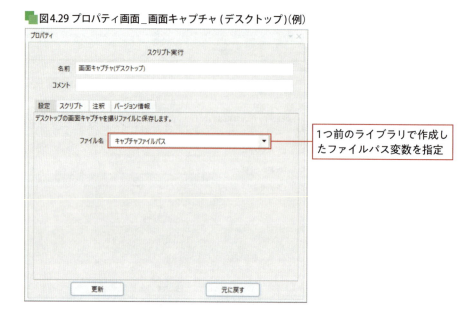

⑥変数ファイル保存

　エラー発生時、各変数の値を保存します。原因の確認に役立ちます。各変数にどんな値が格納されているかは、シナリオ実行中の変数一覧を見れば確認できますが、実行が終了すると確認できなくなります。ファイルとして保存することで、後でも確認ができるようになります。

図4.30 プロパティ画面_変数ファイルパス作成（例）

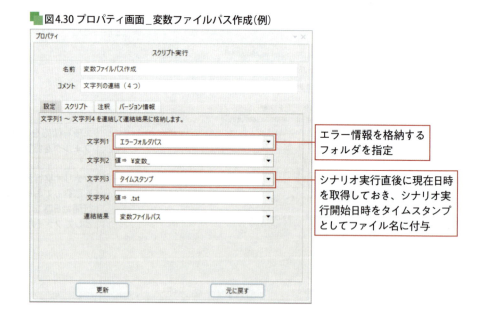

図4.31 プロパティ画面_デバッグ：変数値保存（例）

これまで紹介した内容を組み合わせ、企業・部門ごとに設定することをお勧めします。

第5章

Webデータの取得

第5章〜第7章ではシナリオ作成を通してWinActorの基本的な機能を学習していきます。

WinActorはライブラリ「ブラウザ関連」でブラウザに対して様々な操作をすることができます。

ブラウザを起動して指定のページを表示させたり、ブラウザを閉じたりできるのはもちろん、ボタンのクリックやテキストの取得なども可能です。

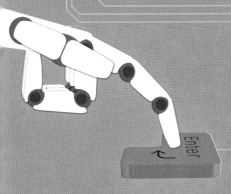

第5章 Webデータの取得

5-1 学習する主な操作

操作の記録（Edge モード）

WinActorは端末に行った見本操作を学習し、シナリオのひな形を作ることができます。記録モードで作成することができるEdge処理は、下記の通りになります。

- クリック(Edge)
- リスト選択(Edge)
- テキスト入力欄への文字列設定(Edge)
- チェックボックス欄へのチェック操作

画像マッチング

3章で紹介した画像マッチングを実際に使用していきます。事前の画面調整等、画像マッチングを使用する際のポイントを押さえましょう。

5-2 事前設定

本章及び後続章の演習課題の作成をしやすくするために、WinActorの設定を変更します。

5-2-1 オプション設定変更

メニューバーの「ツール」タブをクリックして表示されるメニューから「オプション」を選択し、オプション画面を表示させます。編集タブと記録タブからそれぞれ設定を変更します。

図5.1 オプションメニュー表示

編集タブではWinActorで操作するターゲット画面を選択する際に、WinActorの画面を画面が消えるように設定を変更します。この変更により、記録時にWinActorを移動させてターゲットウィンドウを前面に出す、という手間を省くことができます。

図5.2 オプション画面 編集タブ

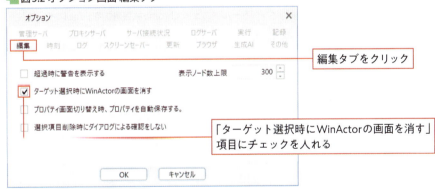

記録タブでは自動記録アクションを使用した際に、自動で変数を作成しないように設定を変更します。本章では変数の作成は必要に応じて行うため、こちらの設定も変更します。

第5章 Webデータの取得

📗 図5.3 オプション画面 記録タブ

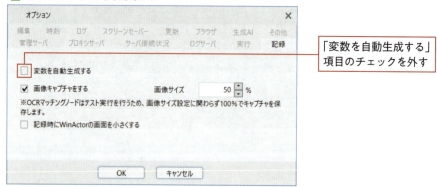

「変数を自動生成する」項目のチェックを外す

5-2-2 拡張機能設定

本章ではEdge操作において操作の記録機能を使用します。Edgeの記録機能を利用するには拡張機能をインストールする必要があります。オンラインでの拡張機能のインストールは次の手順で可能です。

❶「ツール」メニューから「拡張機能をインストール」にマウスオーバーして「Chrome拡張機能をEdgeにインストール」をクリック

📗 図5.4 拡張機能インストールメニュー Chrome拡張機能をEdgeにインストール

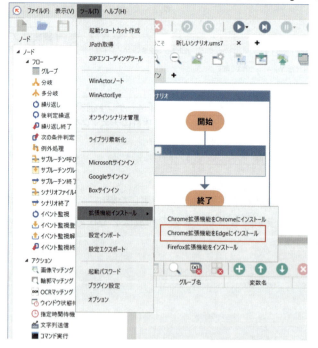

98

❷ 選択ダイアログが表示されますので、OKボタンをクリック

図5.5 選択ダイアログ

❸ WindowsのユーザーアカウントＳＬ制御 (UAC) の確認が表示された場合は続行

❹ レジストリへの登録完了のメッセージボックスが表示されるので、OKボタンをクリック

❺ 既定のブラウザでChromeウェブストアの「WinActor7 Browser Agent」のページが開くので、インストールボタンをクリック

図5.6 WinActor7 Browser Agent

❻ ❺でMicrosoft Edge以外のブラウザで開かれた場合は、Microsoft Edgeで開き直し

❼ ポップアップダイアログが表示されますので、「拡張機能の追加」をクリックします。

■図5.7 "WinActor7 Browser Agent" を Microsoft Edge に追加しますか？ポップアップダイアログ

5-3 作成シナリオの概要

　今回は交通費検索をする想定で、Yahoo!路線情報のページから乗車区間を検索し、最安値を取得するシナリオを作成します。

　普段の業務の中で、Webページで情報を検索して参照することは多いと思います。
　作業を工数分解すると下記のようなフローになります。
　この一連の操作をRPA化することができるようになります。

■図5.8 業務フロー　　　　　　■図5.9 処理フロー

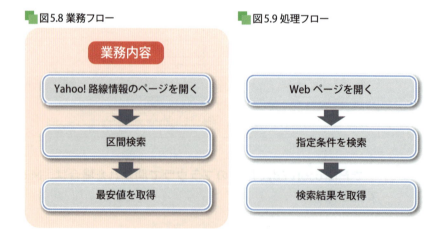

5-4 Webブラウザ（Edge）操作

まず、事前準備としてMicrosoft Edge(Edge)で Yahoo!路線情報ページ(https://transit.yahoo.co.jp/)を表示します。

■ 図5.10 Yahoo!路線情報ページ

それでは、シナリオを作成していきます。新しいシナリオを立ち上げるため、「ようこそ」画面の「新しいシナリオを作成する」をクリックするか、メニューバーのファイル>新規作成>新規作成(シナリオ)をクリックしてください。

> **NOTE**
>
> シナリオは「ファイル」メニューの「上書き保存」から保存できます。作成途中のシナリオは自動保存されないため、こまめに上書き保存をしましょう。

5-4-1 Edge起動

Yahoo!路線情報をEdgeブラウザで起動します。

❶ **ライブラリから「ブラウザ起動」をグループ内にドラッグ＆ドロップし、ダブルクリック**

図5.11 ブラウザ起動

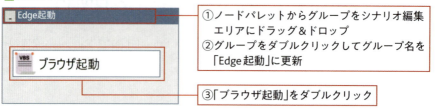

① ノードパレットからグループをシナリオ編集エリアにドラッグ＆ドロップ
② グループをダブルクリックしてグループ名を「Edge起動」に更新
③「ブラウザ起動」をダブルクリック

❷「ブラウザ起動」のプロパティを設定

図5.12 プロパティ画面_ブラウザ起動

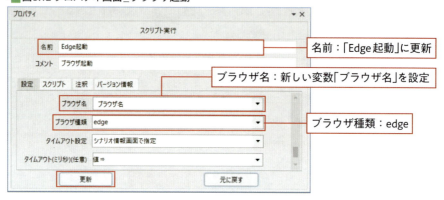

名前：「Edge起動」に更新
ブラウザ名：新しい変数「ブラウザ名」を設定
ブラウザ種類：edge

ライブラリ-23_ブラウザ関連−01_起動＆クローズ-ブラウザ起動

- ブラウザ名：「ブラウザ名」と入力して新しい変数を設定
- ブラウザ種類：「edge」を選択
  更新ボタンを押下　※以降更新ボタン押下の操作説明は省略

新しい変数をノード・ライブラリで作成すると確認ダイアログが出現するので、「はい」を選択します。後続処理でも新規変数の作成をする際に確認ダイアログが出現しますが、説明からは省略します。

図5.13 変数登録確認ダイアログ

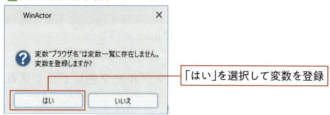

「はい」を選択して変数を登録

変数一覧にも変数「ブラウザ名」が登録されていることを確認し、初期値に「Edge」と入力します。

図5.14 変数一覧画面

変数一覧に変数「ブラウザ名」が追加されたことを確認し、初期値に「Edge」と入力

5-4-2 ページ表示

URLを指定してYahoo!路線情報をEdgeブラウザで表示します。

❶ ライブラリから「ページ表示」をグループ内にドラッグ＆ドロップし、ダブルクリック

図5.15 ページ表示

「ページ表示」をダブルクリック

❷ 「ページ表示」のプロパティを設定する

図5.16 プロパティ画面_ページ表示

名前：「乗換案内表示」に更新

ブラウザ起動で指定したブラウザ名が自動入力される（今回は変数）

URL：値 ⇒ https://transit.yahoo.co.jp/

- 名前：「乗換案内表示」に更新
- URL：「値⇒https://transit.yahoo.co.jp/」と入力

> **NOTE**
> URLは変数化しておくこと(変数の初期値にURLの値を設定すること)によって、変数一覧で管理することも可能です。

5-4-3 ウィンドウ最大化

> **NOTE**
> 画像マッチングを使用する場合、ブラウザの個人設定によってはブラウザ起動時のウィンドウの大きさが相違し対象画像が見つからない場合があります。ウィンドウの最大化の利用を推奨します。

❶ ライブラリから「ウィンドウの表示変更」をグループ内にドラッグ＆ドロップし、ダブルクリック

図5.17 ウィンドウの表示変更

❷「ウィンドウの表示変更」のプロパティを設定する

■ 図5.18 プロパティ画面_ウィンドウの表示変更

ライブラリ –11_ウィンドウ関連 –ウィンドウの表示変更

- 名前:「Edgeウィンドウの最大化」に更新
- 表示状態:「最大化」を選択
- ウィンドウ識別名:ターゲット選択ボタンをクリックし、Yahoo!路線情報ページにカーソルを当てて、対象ウィンドウをクリックして指定

> **NOTE**
> 対象ウィンドウを選択する際はタイトルバーやブラウザの上部などをクリックして選択しましょう。またWeb画面の情報量によっては設定に時間がかかることがあります(設定が終わるとWinActorが前面化されます。設定完了前に次の作業をするとWinActorがフリーズする可能性があります)。

5-4-4 Edgeの倍率を100%に設定

ショートカットキー操作「Ctrl + 0(ゼロ)」を用いてEdgeの倍率を100%にします。WinActorでショートカット操作を行う場合は「エミュレーション」という機能を使います。

> **NOTE**
> 画像マッチングを用いる際、作成した画像とシナリオ実行時の倍率が相違していると、画像を認識することができません。作成・実行の際の倍率は100%とするなどのルール設定が必要です。

❶ ライブラリから「エミュレーション」をドラッグ&ドロップし、ダブルクリック

図5.19 エミュレーション

❷「エミュレーション」のプロパティを設定する

図5.20 プロパティ画面_エミュレーション

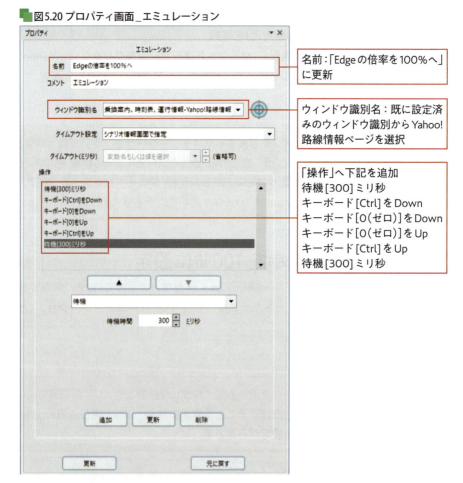

名前:「Edgeの倍率を100%へ」に更新

ウィンドウ識別名:既に設定済みのウィンドウ識別からYahoo!路線情報ページを選択

「操作」へ下記を追加
待機[300]ミリ秒
キーボード[Ctrl]をDown
キーボード[0(ゼロ)]をDown
キーボード[0(ゼロ)]をUp
キーボード[Ctrl]をUp
待機[300]ミリ秒

ライブラリ —04_自動記録アクション—エミュレーション

- 名前：「Edgeの倍率を100%へ」に更新
- ウィンドウ識別名：既に設定済みのウィンドウ識別からYahoo!路線情報ページを選択
- 操作
  待機[300]ミリ秒
  キーボード[Ctrl]をDown
  キーボード[0(ゼロ)]をDown
  キーボード[0(ゼロ)]をUp
  キーボード[Ctrl]をUp
  待機[300]ミリ秒

❸ 作成が完了したグループ「Edge起動」をシナリオの開始と終了の間へドラッグ＆ドロップ

ここまでで、「Webページを開く」操作の部分のシナリオは完成しました。
続いて「指定条件を検索」操作の部分のシナリオ作成です。

5-4-5 操作の記録（Edgeモード）とキーエミュレーション

操作の記録（Edgeモード）とキーエミュレーションを用いて区間検索を行っていきます。

❶ 出発駅の設定

クリップボードへ出発駅の値を格納します。

ノードパレットから「クリップボード」をシナリオ編集エリアにドラッグ＆ドロップし、右クリックメニューから「グループ化」を選択します。

■ 図5.21 クリップボードをグループ化

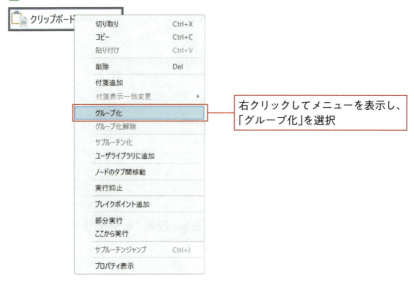

■ 図5.22 クリップボード

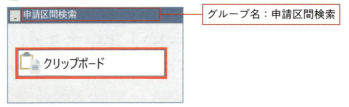

> **NOTE**
>
> 「グループ」ノードからグループを作成することも可能ですが、ノードパレットからドラッグ＆ドロップしてグループを作成するよりも、右クリックで表示されるメニューのグループ化を使用したほうが操作の手数が少なく作成できます。
> 　本書では以降もグループ作成の次にノード・ライブラリを配置する順で説明していますが、ノード・ライブラリを配置後に右クリックからグループを作成しても問題ありません。

❷ クリップボードのプロパティ設定

■ 図5.23 プロパティ画面_クリップボード

ノード – アクション – クリップボード

- 名前：「出発駅をクリップボードへ」に更新
- 設定値：入力欄に「出発駅」と入力

❸ 変数「出発駅」が変数一覧に追加されたことを確認

■ 図5.24 変数一覧画面

❹ クリップボードの値を出発駅欄へ貼り付け

ライブラリから「エミュレーション」をグループ「申請区間検索」内にドラッグ＆ドロップし、ダブルクリックします。

■ 図5.25 エミュレーション

第5章 Webデータの取得

❺ エミュレーションのプロパティ設定

図5.26 プロパティ画面_エミュレーション

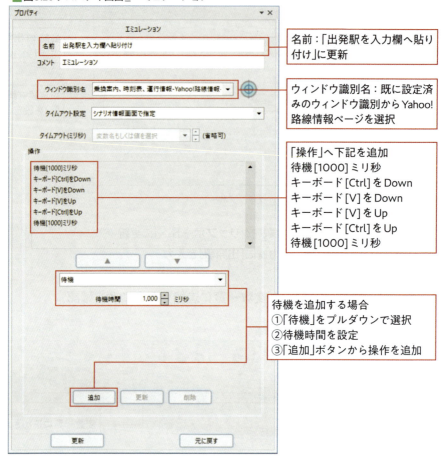

ライブラリ−04_自動記録アクション−エミュレーション

- 名前:「出発駅を入力欄へ貼り付け」に更新
- ウィンドウ識別名:既に設定済みのウィンドウ識別から Yahoo! 路線情報ページを選択
- 操作
  待機[1000]ミリ秒
  キーボード[Ctrl]を Down
  キーボード[V]を Down
  キーボード[V]を Up
  キーボード[Ctrl]を Up
  待機[1000]ミリ秒

❻ 到着駅へカーソル移動

ライブラリから「次の入力欄へ」をグループ「申請区間検索」内にドラッグ＆ドロップし、ダブルクリックします。

🟩 図5.27 次の入力欄へ

❼ 次の入力欄へのプロパティ設定

🟩 図5.28 プロパティ画面_次の入力欄へ

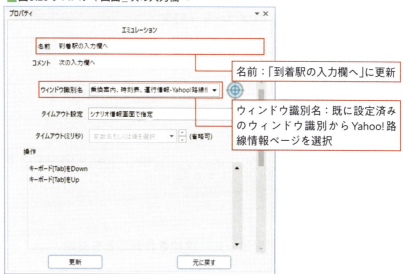

ライブラリ −14_入力欄操作 −次の入力欄へ

- 名前：「到着駅の入力欄へ」に更新
- ウィンドウ識別名：「乗換案内、時刻表、運行情報-Yahoo!路線情報〜」をプルダウンから選択

❽ 到着駅の設定

クリップボードへ到着駅を格納します。

❶❷で作成したノード「クリップボード(出発駅をクリップボードへ)」をコピーしグループ「申請区間検索」内に貼り付けし、ダブルクリックします。

▌図5.29 クリップボード(出発駅をクリップボードへ)

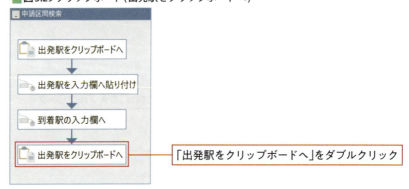

❾ クリップボードのプロパティ設定

▌図5.30 プロパティ画面_クリップボード

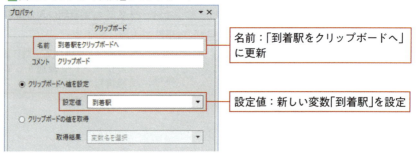

❿ 変数「到着駅」が変数一覧に追加されたことを確認

▌図5.31 変数一覧画面

⓫ クリップボードの値を到着駅欄へ貼り付け

❹❺で作成した「エミュレーション（出発駅を入力欄へ貼り付け）」をコピーし、グループ「申請区間検索」内に貼り付けし、ダブルクリックします。

📗 図5.32 エミュレーション（出発駅を入力欄へ貼り付け）

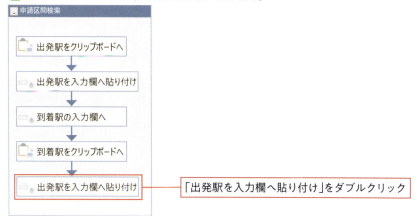

⓬ エミュレーションのプロパティ設定

📗 図5.33 プロパティ画面_エミュレーション

> **NOTE　出発及び到着の値の設定にキーエミュレーションを使用した理由は？**
>
> 　本章では出発駅と到着駅に値を設定する際にキーエミュレーションを使用しました。
> 　テキスト入力欄への文字列設定の処理は操作の記録を使って作成することも可能です。ただし、Yahoo!路線情報ページで操作の記録を使って作成するだけではシナリオ実行した際に値が設定できないことが判明したため、本章ではエミュレーション処理を採用しています。
> 　操作の記録で作成されるのは「ブラウザ関連」の「値の設定」というライブラリになります。値が設定されるようにプロパティを修正するには、XPathの知識が必要になります。第8章でXPathについて学習した後、自身でノード・ライブラリの置換や修正をしてみてもよいでしょう。

❸ 検索ボタンをクリック

操作の記録（Edgeモード）を用いて設定します。

（下準備として、手動でYahoo!路線情報ページの出発欄に新橋、到着欄に銀座を入力しておきます。）

❹ 記録モード（Edgeモード）で記録対象を設定

操作を記録する対象のページを設定します。

「記録対象アプリケーション選択」ボタンをクリックします。

図5.34 ツールバー

❺ Yahoo!路線情報ページにカーソルを当てて、記録対象ウィンドウをクリックして指定

5-4 Web ブラウザ（Edge）操作

■ 図5.35 Yahoo!路線情報ページ

■ 図5.36 記録モード確認

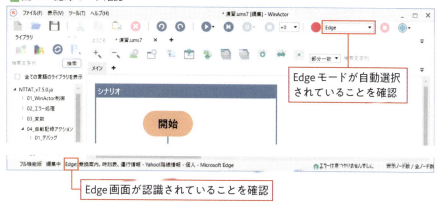

❶❻ 「記録」ボタンをクリックして記録を開始

■ 図5.37 ツールバー

❶❼ 検索ボタンの設定

「検索」ボタンをクリックします。

115

第5章 Webデータの取得

■ 図5.38 Yahoo!路線情報ページ

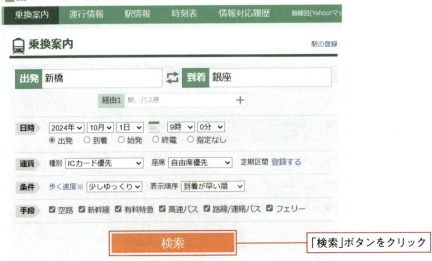

「検索」ボタンをクリック

❶⓼ 「料金の安い順」をクリック

検索結果ページに遷移したら、検索した区間の最安金額を検索するために「料金の安い順」をクリックします。

■ 図5.39 検索結果ページ

「料金の安い順」をクリック

❶⓽ 記録の停止

「記録停止」ボタンをクリックします。

116

5-4 Webブラウザ（Edge）操作

■ 図5.40 ツールバー

「記録停止」ボタンをクリック

❷⓪ 操作の記録でできたノードの確認とグループの移動

グループの中に、クリック(Edge)が2ノード分できたことを確認してください。

■ 図5.41 グループ

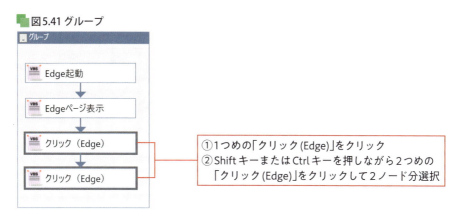

① 1つめの「クリック(Edge)」をクリック
② ShiftキーまたはCtrlキーを押しながら2つめの「クリック(Edge)」をクリックして2ノード分選択

2ノード分のクリック(申請区間)をグループ「申請区間検索」の一番最後へ追加します。

■ 図5.42 クリック(Edge)

「クリック(Edge)」をダブルクリック

117

第5章 Webデータの取得

㉑ 検索ボタンをクリックのプロパティ設定

クリック(Edge)は、検索ボタンをクリックした時にできたノードです。
名前を「検索ボタンをクリック」に更新します。

図5.43 プロパティ画面_クリック(Edge)

自動設定されているXPathについては第8章で取り扱います。

㉒「料金の安い順」をクリックのプロパティ設定

同様に2つめのクリック(Edge)のプロパティ画面を開いて名前を「「料金の安い順」をクリック」に更新します。

5-4 Web ブラウザ（Edge）操作

■ 図5.44 クリック（Edge）

「クリック(Edge)」をダブルクリック

■ 図5.45 プロパティ画面_クリック（Edge）

名前：「「料金を安い順」をクリック」に更新

ブラウザ名：変数「ブラウザ名」に更新

㉓ 作成が完了したグループ「申請区間検索」をグループ「Edge起動」とシナリオの終了の間へドラッグ＆ドロップ

図5.46 ここまでの作成シナリオ

㉔ 不要グループを削除

操作の記録で作成されたグループを削除します。グループを選択して右クリックメニューの「削除」またはDeleteキーで削除ができます。

図5.47 不要グループ

5-5 画像マッチング

　最安金額を表示することができたので、画像マッチングを利用してその値を取得します。Edgeで開いたWebページから文字列を取得する処理は操作の記録では作成できません。通常は「ブラウザ関連」の「値の取得」ライブラリを使用して作成しますが、「値の取得」ライブラリの設定には第8章で学習するXPathの知識が必要になります。

　そのため、今回は画像マッチングを使った取得方法を確認しましょう。画像マッチングでしか取得できない場合もあるため、設定方法を押さえておきましょう。

❶ 「ルート1」の料金を選択

　乗換案内の検索結果の取得を設定していきます。

　グループ名を「最安金額を取得」としてグループを作成し、ノード「画像マッチング」をグループ内へドラッグ＆ドロップしダブルクリックします。

図5.48 画像マッチング

❷ 「画像マッチング」のプロパティを設定する

■ 図5.49 プロパティ画面①_画像マッチング

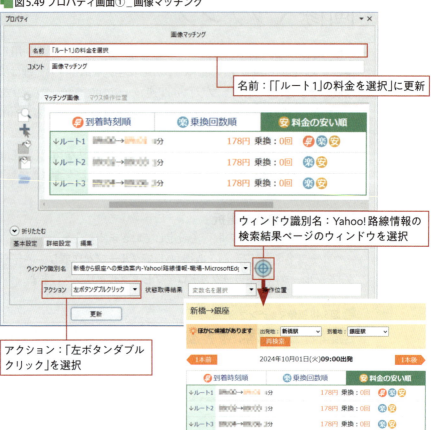

- 名前：「「ルート1」の料金を選択」に更新
- 「ウィンドウ識別名」横のターゲット選択ボタンをクリックし、Yahoo! 路線情報ページにカーソルを当てて、画像検索対象ウィンドウを指定
- アクション：「左ボタンダブルクリック」をプルダウンメニューから選択

■図5.50 プロパティ画面②_画像マッチング

「ルート1」を選択し、「マウス操作位置」を「ルート1」の料金の上に設定します。

> **NOTE**
>
> 詳細設定タブで設定できる項目の1つにマッチ率があります。マッチ率とはプロパティで設定した画像または既に取得済の画像と、シナリオ実行中に表示された画像とでどの程度合致しているかの合致度合のことで、その画像がシナリオ実行中に表示されたかどうかの判定に使用されます。
>
> 初期値は90%に設定されていますが、解像度の違いや一部の色の変化などで同じ画像と判定されない場合はマッチ率を80%等少し下げてみましょう。マッチ率を下げ過ぎると意図しない画像に対して操作をしてしまう可能性が高まるため、マッチ率の調整の際は下げ過ぎないように同時に注意が必要です。

❸ 画像マッチングで選択状態のテキストをコピー

ライブラリ「テキスト入力欄をコピー」をグループ内へドラッグ&ドロップしダブルクリックします。

第5章 Webデータの取得

■ 図5.51 テキスト入力欄をコピー

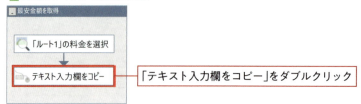

「テキスト入力欄をコピー」をダブルクリック

❹「テキスト入力欄をコピー」のプロパティを設定する

■ 図5.52 プロパティ画面_テキスト入力欄をコピー

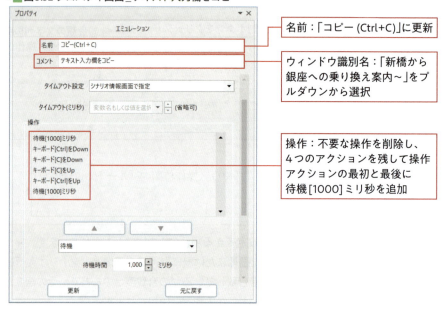

名前:「コピー(Ctrl+C)」に更新

ウィンドウ識別名:「新橋から銀座への乗り換え案内〜」をプルダウンから選択

操作:不要な操作を削除し、4つのアクションを残して操作アクションの最初と最後に待機[1000]ミリ秒を追加

ライブラリ–14_入力欄操作–テキスト入力欄をコピー

- 名前:「コピー(Ctrl+C)」に更新
- ウィンドウ識別名:Yahoo! 路線情報ページの操作をしたい画面を選択
- 操作:不要な操作を削除し4つのアクションを残して操作アクションの最初と最後に待機[1000]ミリ秒を追加

> **NOTE**
>
> キー操作をエミュレーションで行う際は操作アクションの前後に待機時間を設けると指定した操作が安定します。エミュレーション操作が正しく完了できず、ルート1の料金を取得できない場合(変数「最安金額」に料金が格納されない場合)は、前後の待機時間を3,000ミリ秒=3秒、5,000ミリ秒=5秒等に延ばしてみましょう。

❺ **クリップボードの値を変数へ格納**

ノード「クリップボード」をグループ内へドラッグ＆ドロップしダブルクリックします。

🟩 **図5.53 クリップボード**

❻ **「クリップボード」のプロパティを設定する**

🟩 **図5.54 プロパティ画面_クリップボード**

ノード - アクション - クリップボード

- 名前：「クリップボードを変数へ」に更新
- 「クリップボードの値を取得」を選択
- 取得結果：新しい変数「最安金額」を設定

第5章 Webデータの取得

図5.55 変数一覧画面

変数一覧に「最安金額」が追加されたことを確認

変数「最安金額」が変数一覧に追加されたことを確認します。

❼ 作成が完了したグループ「最安金額を取得」をグループ「申請区間検索」とシナリオの終了の間へドラッグ＆ドロップ

図5.56 ここまでの作成シナリオ

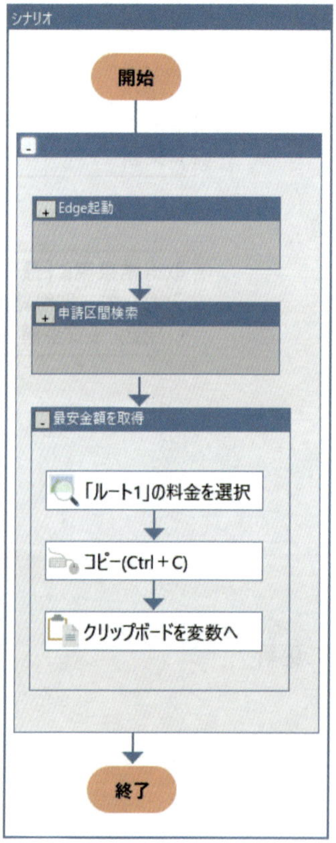

5-6 乗換案内をトップページへ戻す

最後に、今まで使用した乗換案内のページをトップページへ戻して終了になります。

❶「乗換案内表示」をコピー＆ペースト

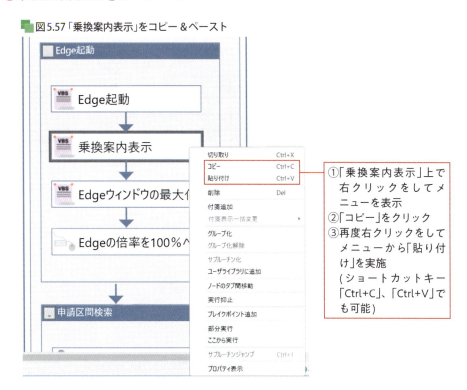

図5.57「乗換案内表示」をコピー＆ペースト

①「乗換案内表示」上で右クリックをしてメニューを表示
②「コピー」をクリック
③再度右クリックをしてメニューから「貼り付け」を実施
（ショートカットキー「Ctrl+C」、「Ctrl+V」でも可能）

❷ コピーした「乗換案内表示」をグループ化し、グループ名を「乗換案内をトップページへ戻す」に設定

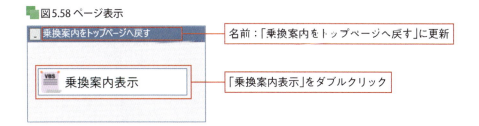

図5.58 ページ表示

名前:「乗換案内をトップページへ戻す」に更新

「乗換案内表示」をダブルクリック

> **NOTE**
> ノード・ライブラリをコピーするとプロパティ設定も全て同一の状態でコピーされるため、同様のプロパティ設定をする場合にはノードパレットやライブラリパレットから新しく作成するより作成済みのノードからコピーすることでシナリオの作成時間を短縮することができます。

❸「ページ表示」のプロパティを設定

図5.59 プロパティ画面_ページ表示

- 名前：乗換案内をトップページへ戻す

❹ **作成が完了したグループ「乗換案内をトップページへ戻す」をグループ「最安金額を取得」とシナリオの終了の間へドラッグ＆ドロップ**

図5.60 ここまでの作成シナリオ

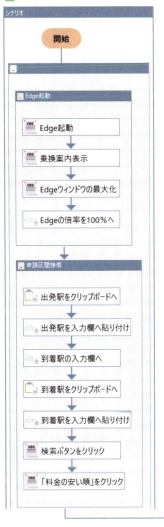
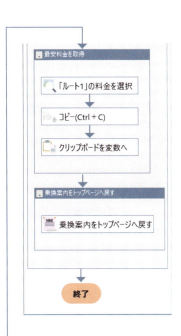

column　WebDriverと拡張機能

WinActorでブラウザ操作をするにはWebDriverまたは拡張機能（Ver.7.4.0以降）を使用します。初期設定ではWebDriverとなっていますが、オプション画面でブラウザ種別（Chrome/Edge/Firefox）ごとに設定することができます。

図5.61 オプション画面 ブラウザタブ

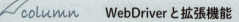

また、シナリオ情報画面の設定でシナリオファイルごとに設定することができます。シナリオ情報の「ブラウザ操作にWebDriverを利用する」がチェックされている場合は、オプション画面で「拡張機能」が設定されていてもシナリオ情報の設定が優先されてWebDriverが使用されます。

図5.62 シナリオ情報画面 その他タブ

どちらを使うのか？

　WinActorでブラウザの起動から行う場合にはWebDriverも拡張機能も両方使用できますが、手動等WinActor以外の方法で既に起動したブラウザを操作する場合は拡張機能のみ使用できます。シナリオ実行前に手動でWebサイトの認証処理を済ませたい場合等に拡張機能を使用すると、シナリオ自体に認証情報を持たせることなくブラウザの操作が可能になります。一方、WebDriverを使用してブラウザ起動すると、普段利用するブラウザでも普段の設定を引き継がず、また保存もされません。そのため毎回同じ条件でサイトにアクセスすることができ、シナリオ実行時にエラーが出にくくなるメリットがあります。

拡張機能によるブラウザ操作時の操作対象の指定方法

　拡張機能でブラウザを操作する際の操作対象を指定する方法は2通りあります。

No	操作対象の指定方法
1	ウィンドウ識別ルールによる指定
2	ブラウザ名による指定

図5.63 ブラウザ名を付ける

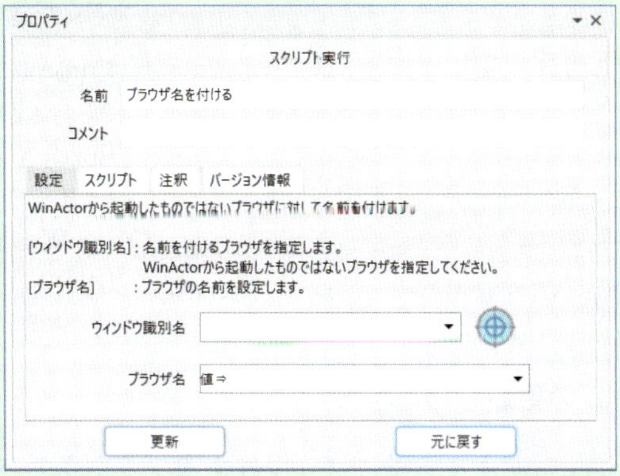

「ブラウザ名を付ける」ライブラリを使用することで、以降の「ブラウザ名」利用ライブラリで操作対象のウィンドウを指定することができます。

　拡張機能を使ったブラウザ操作には一部制約事項がありますので使用する際にはご留意ください。

第5章 Webデータの取得

■ 拡張機能によるブラウザ操作時の制約事項

No	制約対象		制約内容・回避策等
1	同梱ライブラリ利用時	23_ブラウザ操作 - 03_クリック - ダイアログクリック	拡張機能では左記のライブラリを使用できません。WebDriverで利用してください。WebDriverで起動したブラウザのみ操作可能です。
2		23_ブラウザ操作 - ファイル選択	
3		23_ブラウザ操作 - 値の設定（入力再現）	
4	シナリオ実行時	ダイアログ表示下での要素の操作	ダイアログを閉じられずエラーとなります。ダイアログを閉じるシナリオを追加・挿入してください。
5		ブラウザ操作中に発生するブラウザのイベント	WebDriverで同じ操作をした場合とはブラウザに発生するイベントが異なることがあります。拡張機能によるブラウザ操作にて対象のWebアプリケーションの反応がない場合、エミュレーションの利用やWebDriverでの操作を試してください。
6	ブラウザバージョン		Chrome/Edgeを利用する場合はVer.100以降(Office Build)を利用してください。Firefoxを利用する場合はVer.96以降を利用してください。

WebDriverの更新を確認する

WebDriverを使用する際には、操作するブラウザのバージョンに対応したバージョンのWebDriverを使用する必要があります。WebDriverはネットワークに接続できる環境ではオンラインアップデートが可能で、オンラインアップデートの設定についてはオプション画面の更新タブで設定が可能です。初期設定では「手動更新」となっていますが、「自動更新」に設定すると、更新がある場合に自動的に更新が行われます。オプション画面の更新タブではWebDriverの他に、WinActor、ユーザライブラリ、サブシナリオ、CloudLibraryの更新設定が可能です。

5-6 乗換案内をトップページへ戻す

図5.64 オプション画面 更新タブ

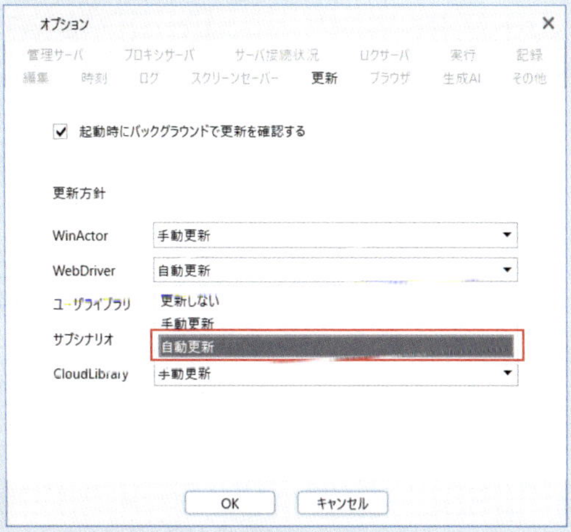

オプション   ✕

管理サーバ　プロキシサーバ　サーバ接続状況　LUサーバ　実行　記録
編集　時刻　ログ　スクリーンセーバー　**更新**　ブラウザ　生成AI　その他

☑ 起動時にバックグラウンドで更新を確認する

更新方針

WinActor　　　手動更新　　　　　　　　　　　　▼
WebDriver　　自動更新　　　　　　　　　　　　▼
ユーザライブラリ　更新しない
　　　　　　　　手動更新
サブシナリオ　　自動更新
CloudLibrary　手動更新　　　　　　　　　　　　▼

　　　　　　　OK　　　　キャンセル

　ネットワークに接続していない場合は『ブラウザ操作シナリオ作成マニュアル』の「WebDriverの導入手順」を参照してブラウザにあったWebDriverを導入してください。

第6章

取得データの操作

> 第5章〜第7章ではシナリオ作成を通してWinActorの基本的な機能を学習していきます。
> 本章では変数への値設定と条件分岐について学習します。

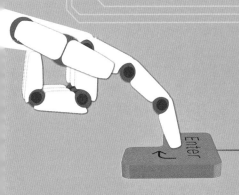

第6章 取得データの操作

6-1 学習する主な操作

インプットボックス

　必要なデータをユーザーに入力させるためにインプットボックスを表示させて文字列の入力を待機します。入力された文字列は変数へ格納されます。

分岐

　条件を設定しその条件を満たしていれば「True」の処理に、それ以外は「False」の処理にシナリオのフローを分岐します。

ウィンドウ識別ルール

　WinActorでは操作対象ウィンドウを識別選択するための設定をウィンドウ識別ルールといいます。操作対象ウィンドウ選択時に自動で設定されますが、ツールバーから起動できる管理画面で設定の変更をすることもできます。

6-2 作成シナリオの概要

　第5章で作成した交通費検索のシナリオに運賃（申請金額）と乗車区間（出発駅、到着駅）を入力するシナリオを追加し、入力した運賃が最安の交通費かどうかチェックができるようにしていきます。

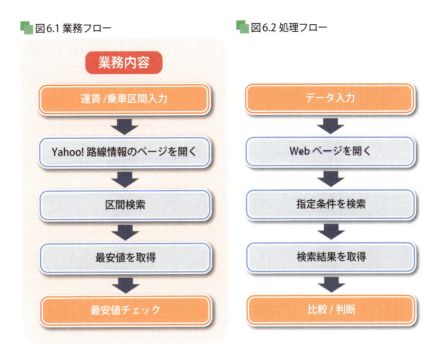

■図6.1 業務フロー　　■図6.2 処理フロー

6-3 インプットボックス

まず必要な情報を入力するデータ入力操作を作ります。

❶ 申請金額、出発駅、到着駅をユーザ入力で取得

グループ名を「申請情報取得」としてグループを作成し、3つの「インプットボックス」ノードをグループ内へドラッグ＆ドロップし、それぞれダブルクリックします。

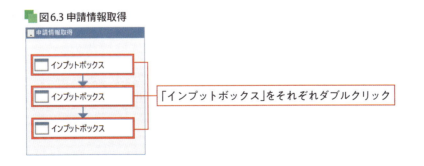

■図6.3 申請情報取得

第6章 取得データの操作

❷ 各「インプットボックス」のプロパティを設定

1つ目のインプットボックスでは、申請金額を入力する操作を設定します。

■ 図6.4 プロパティ画面①_インプットボックス

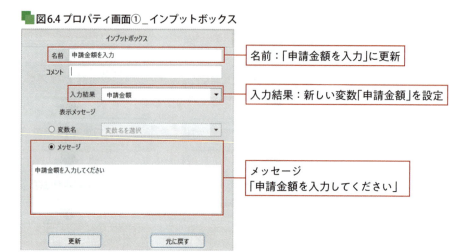

ノード - ユーザ - インプットボックス

- 名前：「申請金額を入力」に更新
- 入力結果：新しい変数「申請金額」を設定
- 表示メッセージ：「メッセージ」を選択し、「申請金額を入力してください」と入力

2つ目のインプットボックスでは、出発駅を入力する操作を設定します。

■ 図6.5 プロパティ画面②_インプットボックス

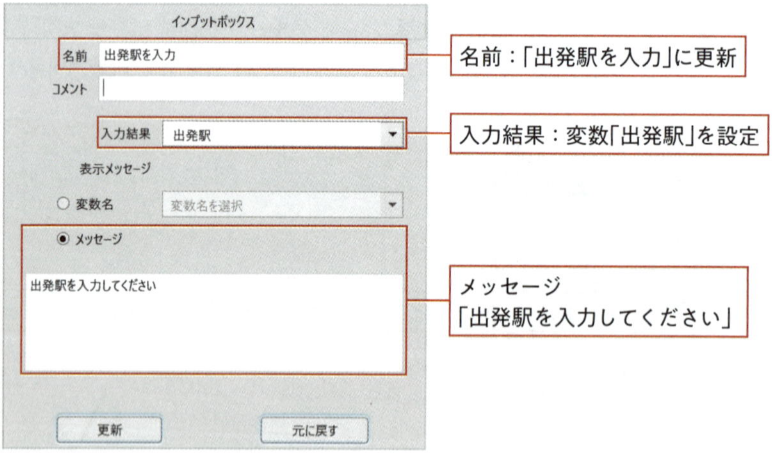

- 名前：「出発駅を入力」に更新
- 入力結果：変数「出発駅」を選択
- 表示メッセージ：「メッセージ」を選択し、「出発駅を入力してください」と入力

3つ目のインプットボックスでは、到着駅を入力する操作を設定します。

■ 図6.6 プロパティ画面③_インプットボックス

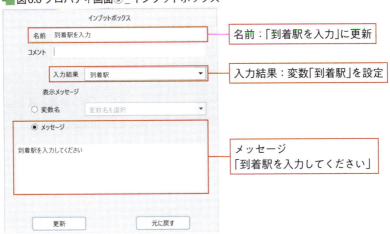

- 名前：「到着駅を入力」に更新
- 入力結果：変数「到着駅」を選択
- 表示メッセージ：「メッセージ」を選択し、「到着駅を入力してください」と入力

❸ 作成が完了したグループ「申請情報取得」をシナリオの開始とグループ「Edge起動」の間へ配置

これでデータの入力ができるようになりました。

6-4 条件分岐

続いて、申請金額が最安値なのかを判断する部分を作成してみましょう。

❶ 金額の妥当性確認（条件判定）

ノード「分岐」をフローチャート画面へドラッグ＆ドロップし、ダブルクリックします。

第6章 取得データの操作

図6.7 分岐グループ

「分岐グループ」をダブルクリック

❷ 分岐グループのプロパティを設定

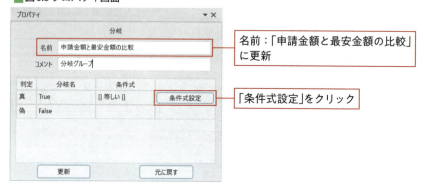

図6.8 プロパティ画面

名前：「申請金額と最安金額の比較」に更新

「条件式設定」をクリック

ノード - フロー - 分岐

- 名前：「申請金額と最安金額の比較」に更新
- 「条件式設定」をクリック

❸ 条件式を設定

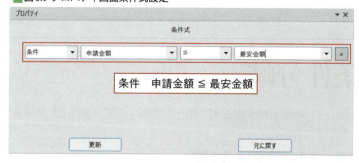

図6.9 プロパティ画面条件式設定

条件　申請金額 ≦ 最安金額

- 条件　申請金額 ≦ 最安金額

140

6-5 変数値設定

次に、変数の値を設定します。

❶ 分岐グループ「申請金額と最安金額の比較」のTrue/False内へそれぞれノード「変数値設定」をドラッグ＆ドロップ

図6.10 変数値設定

「変数値設定」を
1つずつ設置

❷ 各「変数値設定」のプロパティを設定

図6.11 Trueのプロパティ画面

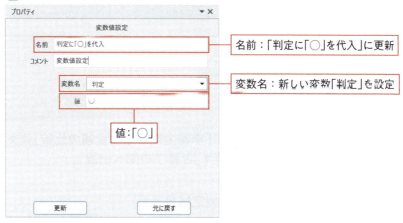

名前：「判定に「○」を代入」に更新

変数名：新しい変数「判定」を設定

値：「○」

ノード - 変数　変数値設定

- 名前：判定に「○」を代入
- 変数名：新しい変数「判定」を設定
- 値：「○」

第6章 取得データの操作

図6.12 変数一覧画面

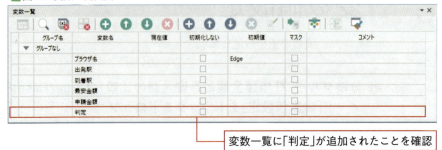

変数一覧に「判定」が追加されたことを確認

図6.13 Falseのプロパティ画面

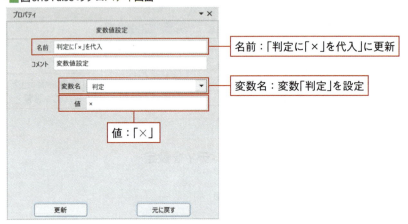

名前:「判定に「×」を代入」に更新

変数名:変数「判定」を設定

値:「×」

- 名前:判定に「×」を代入
- 変数名:変数「判定」を選択
- 値:「×」

❸ 作成が完了したグループ「申請金額と最安金額の比較」はグループ「乗換案内をトップページへ戻す」と終了の間へ配置

❹ 申請金額の妥当性確認(判定結果表示)
　グループ名を「判定結果」として作成し、ノード「待機ボックス」をグループ内へドラッグ&ドロップし、ダブルクリックします。

図6.14 待機ボックス

「待機ボックス」をダブルクリック

142

❺「待機ボックス」のプロパティを設定

■ 図6.15 プロパティ画面_待機ボックス

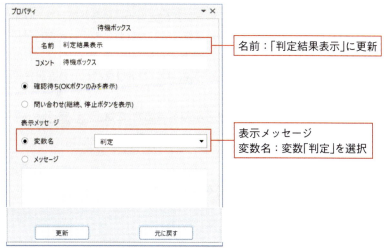

ノード - ユーザ - 待機ボックス

- 名前：「判定結果表示」に更新
- 表示メッセージ：「変数名」を選択し、変数「判定」を選択

❻ 作成が完了したグループ「判定結果」は、グループ「申請金額と最安金額の比較」と終了の間へ配置

6-6 ウィンドウ識別ルールの設定

　今回使用しているYahoo!路線情報は、検索する駅名によってウィンドウタイトルが「検索駅名」に変わります。また、画面を取得した際に同時にプロファイルの情報がウィンドウタイトルに記録されるため、シナリオ作成時と実行時とで情報が変わる可能性があります。

　ウィンドウのタイトルが一定でない場合は、WinActorのウィンドウ識別方法の条件を緩めておく必要があります。

第6章 取得データの操作

> **NOTE**
> 　ウィンドウ識別ルール画面は、シナリオ実行時に操作対象のウィンドウを選択するルールを管理している画面です。
> 　初期設定では識別方式が「一致する」となっているため、シナリオ作成時と実行時とでウィンドウタイトルが完全一致しなければシナリオ実行時にウィンドウを特定することが出来ません。シナリオ実行中にウィンドウタイトルの情報が変化してもシナリオが動作するように、ウィンドウタイトルの識別方式の緩和を行いましょう。
> 　ウィンドウタイトルの識別方式は「を含む」を選択し、実行時の条件に左右されない文言で設定をするなど工夫が必要です。

❶「ウィンドウ識別ルール」をクリック

図6.16 フローチャートツールバー

「ウィンドウ識別ルール」をクリック

シナリオ内で利用されているウィンドウ識別一覧が確認できます。
どのノードでどのウィンドウ識別が利用されているかも確認可能です。

❷ ウィンドウ識別名：「乗換案内、時刻表、運行情報 -Yahoo! 路線情報～」を選択

図6.17 ウィンドウ識別ルール画面①

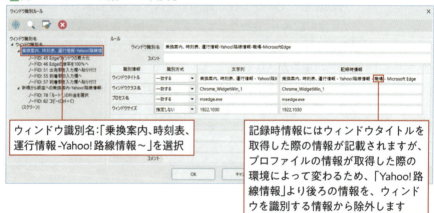

ウィンドウ識別名：「乗換案内、時刻表、運行情報 -Yahoo! 路線情報～」を選択

記録時情報にはウィンドウタイトルを取得した際の情報が記載されますが、プロファイルの情報が取得した際の環境によって変わるため、「Yahoo! 路線情報」より後ろの情報を、ウィンドウを識別する情報から除外します

144

❸ ウィンドウタイトルの識別方式を「一致する」から「を含む」に変更

❹ ウィンドウタイトルの文字列を「乗換案内、時刻表、運行情報 - Yahoo! 路線情報」のみ残して削除

図6.18 ウィンドウ識別ルール画面②

❺ ウィンドウ識別名：「新橋から銀座への乗換案内-Yahoo! 路線情報〜」を選択

図6.19 ウィンドウ識別ルール画面③

❻ 識別方式：「を含む」に更新

第6章 取得データの操作

❼ 文字列：「への乗換案内-Yahoo!路線情報」に更新

■ 図6.20 ウィンドウ識別ルール画面④

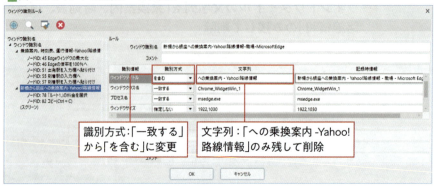

識別方式：「一致する」から「を含む」に変更

文字列：「への乗換案内-Yahoo!路線情報」のみ残して削除

■ 図6.21 ここまでの作成シナリオ

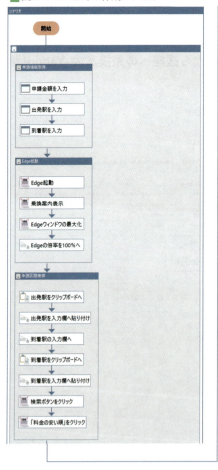

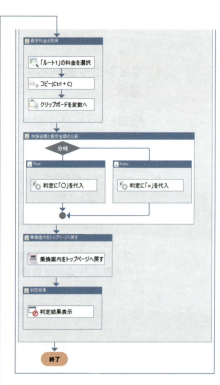

146

6-7 シナリオ実行結果確認

作成したシナリオが想定通り動作するか実行確認しましょう。

① 実行前準備

シナリオの実行環境や操作内容によって異なりますが、実行前には主に下記ポイントに注意しましょう。

- 不要なファイル、アプリケーションが開いていないこと
- シナリオで使用するファイルがファイルパスを設定した場所に保存されていること
- ブラウザを使用するシナリオの場合、ネットワークに接続していること

② シナリオ実行/結果確認

シナリオ実行の準備ができたら実行ボタンより実行しましょう。インプットボックスに任意の申請金額、出発駅、到着駅を入力してその区間での最安金額が取得できるか、申請金額との判定結果があっているか確認してみましょう。

図6.22 ツールバー

シナリオ実行ボタンをクリックして実行

申請金額が最安金額以下だった場合は「○」が、最安金額より大きかった場合は「×」が待機ボックスに表示されれば正しく処理ができています。

図6.23 判定結果

申請金額が最安金額以下の場合　　　申請金額が最安金額より大きい場合

第7章

Excel操作

　第5章から第7章では、シナリオ作成を通してWinActorの基本的な機能を学習しています。

　第5章と第6章では、申請金額と乗車区間を手入力し、入力された申請金額が最安の交通費かどうかを判定するシナリオを作成しました。

　本章では、Excelファイル内のデータをチェックし、判定結果を同じExcelファイルに追記するシナリオを作成します。

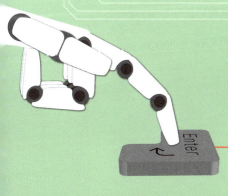

第7章 Excel操作

7-1 学習する主な操作

Excel操作

WinActorには、Excelの基本的な操作を行うためのExcel操作ノードと、具体的な操作に対応する多数のExcel関連ライブラリがあります。

Excel関連ライブラリは、「値の取得」や「値の設定」といった操作ごとに個別のライブラリが用意されています。実務で用いているExcel操作のRPA化では、これらのライブラリを活用するのがお勧めです。

繰り返し処理

同じ操作を繰り返し実行したいときに使用します。

操作の実行前もしくは実行後に、繰り返しを継続するか終了するかの判定を行います。指定した条件を満たしている間、操作が繰り返し実行されます。条件を満たさなくなると繰り返しをやめ、次のノードへ移ります。

繰り返しの条件には、以下の設定が可能です。

- 条件式(条件を満たしている間、処理を繰り返す)
- 回数(指定した回数、処理を繰り返す)
- 範囲(ループカウンタが指定範囲にある間、処理を繰り返す)
- データ数(ExcelやCSV ファイルを元に、データの数だけ処理を繰り返す)

7-2 作成シナリオの概要

第6章で作ったシナリオを変更し、人が手入力や目視確認を行っていた箇所をExcelからの入力やExcelへの出力に置き換えます。このように変更することで、人手による作業が減り、また大量のデータをまとめて処理できるようになります。

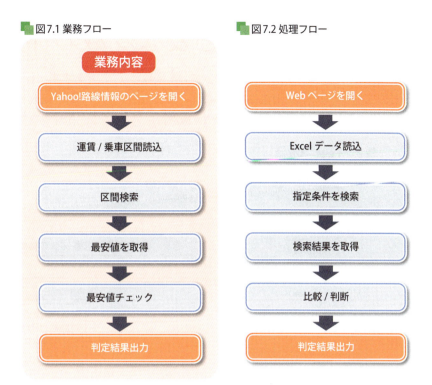

図7.1 業務フロー

図7.2 処理フロー

この章で用いるExcelファイルは、デスクトップに置いてある「交通費請求書.xlsx」です。まず、インプットボックスによるユーザ入力としていた出発駅、到着駅、申請金額について、Excelファイルから情報を取得するように変更します。

図7.3 Excelの表

	A	B	C	D	E
1	出発駅	到着駅	申請金額	最安金額	判定
2	新橋	銀座	178		
3	新橋	横浜	480		
4	新橋	渋谷	208		
5	新橋	上野	200		
6	新橋	池袋	208		

7-3 Excel処理に必要な変数の作成

最初に、処理対象とする行(処理行)を変数として設定します。

処理行とは、処理をする行のことです。処理行を変数とし、処理行の値を1ずつ増やして繰り返し処理を行うことで、複数行のデータを順に処理することができます。

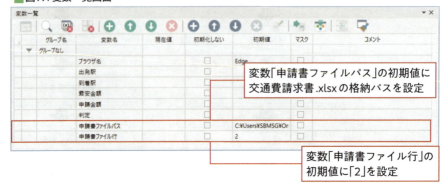

図7.4 変数一覧画面

変数一覧で、操作対象のファイルパスを格納する変数「申請書ファイルパス」を作成します。初期値には、交通費請求書.xlsxの格納パスを設定します。

同様に、処理行を格納する変数「申請書ファイル行」を作成します。表の1行目がヘッダー行、2行目以降がデータ行であるとして、ここでは2行目からデータを読み込むために初期値を「2」と設定します。

7-4 Excelの値を読み込む

❶ 新しいグループをグループ名「申請書の値を取得」として作成し、続けてグループの中にライブラリ「Excel操作(値の取得2)」を3つ追加

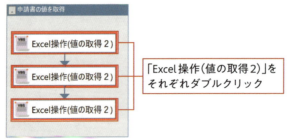

図7.5 Excel操作(値の取得2)

7-4 Excel の値を読み込む

❷ ❶で追加した「Excel操作（値の取得2）」のプロパティ画面を開き、それぞれ次のプロパティを設定

■ 図7.6 プロパティ画面_Excel操作（値の取得2）

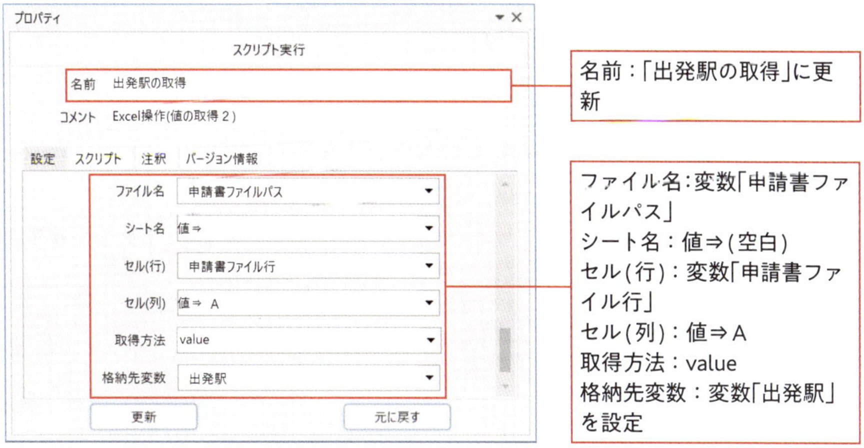

ライブラリ - 18_Excel関連 - Excel操作（値の取得2）

- 名前：「出発駅の取得」に更新
- ファイル名：変数「申請書ファイルパス」
- シート名：値⇒
- セル（行）：変数「申請書ファイル行」
- セル（列）：値⇒A
- 格納先変数：変数「出発駅」

■ 図7.7 プロパティ画面_Excel操作（値の取得2）

名前：「到着駅の取得」に更新

ファイル名：変数「申請書ファイルパス」
シート名：値⇒（空白）
セル（行）：変数「申請書ファイル行」
セル（列）：値⇒B
取得方法：value
格納先変数：変数「到着駅」
を設定

153

第7章 Excel操作

- 名前：「到着駅の取得」に更新
- ファイル名：変数「申請書ファイルパス」
- シート名：値⇒
- セル(行)：変数「申請書ファイル行」
- セル(列)：値⇒B
- 格納先変数：変数「到着駅」

図7.8 プロパティ画面_Excel操作(値の取得2)

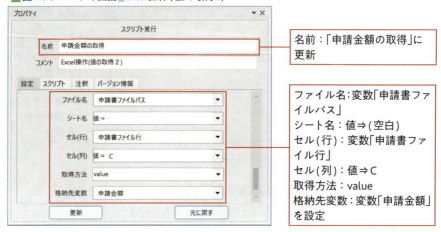

名前：「申請金額の取得」に更新

ファイル名：変数「申請書ファイルパス」
シート名：値⇒(空白)
セル(行)：変数「申請書ファイル行」
セル(列)：値⇒C
取得方法：value
格納先変数：変数「申請金額」を設定

- 名前：「申請金額の取得」に更新
- ファイル名：変数「申請書ファイルパス」
- シート名：値⇒
- セル(行)：変数「申請書ファイル行」
- セル(列)：値⇒C
- 格納先変数：変数「申請金額」

❸ ❶で作成したグループ「申請書の値を取得」を、既存のグループ「申請情報取得」と差し替え

7-5 Excelへ値を書き込む

待機ボックスによる判定結果の表示をExcelへの入力に変更します。

❶ **新しいグループをグループ名「申請書へ書き出し」として作成し、続けてグループの中にライブラリ「Excel操作(値の設定2)」を2つ追加**

図7.9 Excel操作(値の設定2)

「Excel操作(値の取得2)」をそれぞれダブルクリック

❷ **❶で追加した「Excel操作(値の設定2)」のプロパティ画面を開き、それぞれ次のプロパティを設定**

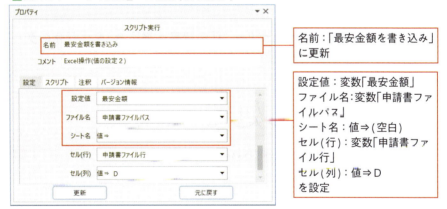

図7.10 プロパティ画面_Excel操作(値の設定2)

名前:「最安金額を書き込み」に更新

設定値:変数「最安金額」
ファイル名:変数「申請書ファイルパス」
シート名:値⇒(空白)
セル(行):変数「申請書ファイル行」
セル(列):値⇒D
を設定

ライブラリ - 18_Excel関連 - Excel操作(値の設定2)

- 名前:「最安金額を書き込み」に更新
- 設定値:変数「最安金額」
- ファイル名:変数「申請書ファイルパス」
- シート名:値⇒
- セル(行):変数「申請書ファイル行」
- セル(列):値⇒D

第7章 Excel操作

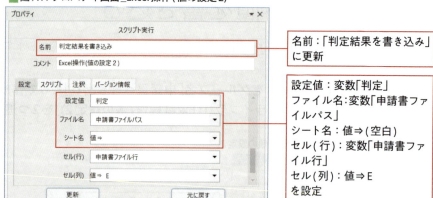

図7.11 プロパティ画面_Excel操作(値の設定2)

- 名前：「判定結果を書き込み」に更新
- 設定値：変数「判定」
- ファイル名：変数「申請書ファイルパス」
- シート名：値⇒
- セル(行)：変数「申請書ファイル行」
- セル(列)：値⇒E

❸ 作成が完了したグループ「申請書へ書込み」を、既存のグループ「判定結果」と差し替え

7-6 繰り返し処理

　Excelの各行に記載された申請内容を順に確認し処理を実行するため、繰り返し処理を追加します。

　処理行が最終行を超えたら繰り返しを終了する、という条件を設定するため、最初に最終行の行数を取得します。

❶ 新しいグループをグループ名「申請書の最終行取得」として作成し、続けてグループの中にライブラリ「Excel操作（最終行取得 その1）」を追加

🟩 図7.12 申請書の最終行取得

❷ ❶で追加した「Excel操作（最終行取得 その1）」をダブルクリックし、次のプロパティを設定

🟩 図7.13 プロパティ画面_Excel操作（最終行取得　その1）

ライブラリ - 18_Excel関連 - 03 行列操作 - Excel操作（最終行取得　その1）

- 名前：「申請書の最終行取得」に更新
- ファイル名：変数「申請書ファイルパス」
- シート名：値⇒
- 最終行：新しい変数「申請書ファイル最終行」を設定

🟩 図7.14 変数一覧画面

第7章 Excel操作

❸ ノード「繰り返し」を追加

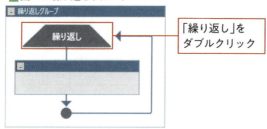

図7.15 繰り返しグループ

❹ ❸で追加した「繰り返し」をダブルクリックし、次のプロパティを設定

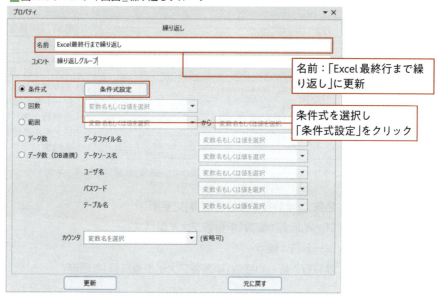

図7.16 プロパティ画面_繰り返しグループ

ノード - フロー - 繰り返し

- 名前：「Excel最終行まで繰り返し」に更新
- 条件式を選択し、「条件式設定」をクリック

❺ ❹の手順で開いたダイアログに、次の通り条件式を設定

　申請書ファイル行の値が申請書ファイル最終行の値以下の場合は、繰り返すように設定します。

■ 図7.17 条件式設定

● 条件 変数「申請書ファイル行」 ≦ 変数「申請書ファイル最終行」

繰り返し処理で2行目から最終行まで1行ずつ処理を行うために、処理行をカウントアップする処理を追加します。

■ 図7.18 カウントアップでの処理イメージ

❻ 新しいグループをグループ名「申請書ファイル行のカウントアップ」として作成し、続けてグループの中にノード「カウントアップ」を追加

■ 図7.19 カウントアップ

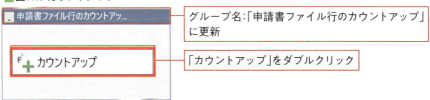

第7章 Excel操作

❼ ❻で追加した「カウントアップ」をダブルクリックし、次のプロパティを設定

図7.20 プロパティ画面_カウントアップ

名前：「申請書ファイル行のカウントアップ」に更新
計算結果：変数「申請書ファイル行」
加算値：「1」

ノード - 変数 - カウントアップ

- 名前：「申請書ファイル行のカウントアップ」に更新
- 計算結果：変数「申請書ファイル行」
- 加算値：「1」

❽ 繰り返し処理をするために、繰り返しグループ「Excel最終行まで繰り返し」の中に必要な処理グループを配置

上から次の表の順番に配置しましょう。

No	グループ名
1	申請書の値を取得
2	申請区間検索
3	最安金額を取得
4	申請金額と最安金額の比較
5	乗換案内をトップページへ戻す
6	申請書へ書き出し
7	申請書ファイル行のカウントアップ

■図7.21 繰り返しグループの中へ必要な処理グループを配置

❾ グループ「申請書の最終行取得」をグループ「Edge起動」下に、繰り返しグループ「Excel最終行まで繰り返し」をさらにその下に移動する

第7章 Excel操作

■ 図7.22 作成済みグループをシナリオへ配置

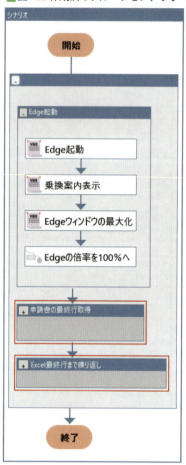

> **NOTE**
>
> 　グループの中に入れるノード・ライブラリの数が多くなると1つのグループが大きくなり、移動させる際に操作がしにくい場面が多々あります。その際はグループの左上の「-」アイコンをクリックしてグループを閉じるとグループの表示が小さくなり移動させやすくなります。

7-7 Excelを上書き保存して閉じる

各行の結果の書き込みが完了したExcelを保存する処理を追加します。

❶ **新しいグループをグループ名「申請書ファイルを閉じる」として作成し、続けてグループの中にライブラリ「Excel操作（上書き保存）」を追加**

図7.23 Excel操作（上書き保存）

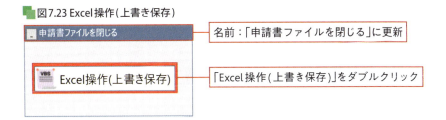

❷ **❶で追加した「Excel操作（上書き保存）」をダブルクリックし、次のプロパティを設定する**

図7.24 プロパティ画面_Excel操作（上書き保存）

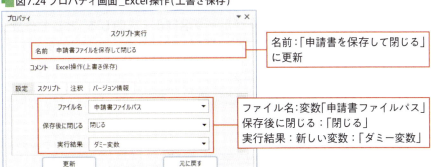

ライブラリ - 18_Excel関連 - 01_ファイル操作 - Excel操作（上書き保存）

- 名前：「申請書ファイルを保存して閉じる」に更新
- ファイル名：変数「申請書ファイルパス」
- 保存後に閉じる：「閉じる」を選択
- 実行結果：新しい変数「ダミー変数」を設定

図7.25 変数一覧画面

第7章 Excel操作

> **NOTE**
> WinActorの仕様上、一部ノード/ライブラリでプロパティ内に必ず変数を設定しなければならない場合があります。その際は、利用しない変数（今回はダミー変数という名称）を作成して設定しましょう。

❸ 作成が完了したグループ「申請書ファイルを閉じる」を、繰り返しグループと終了の間へ配置

7-8 Edgeを閉じる

シナリオ内で開いて使用したEdgeを終了します。

❶ 新しいグループをグループ名「Edgeを閉じる」として作成し、続けてグループの中にライブラリ「ブラウザクローズ」を追加

■ 図7.26 ブラウザクローズ

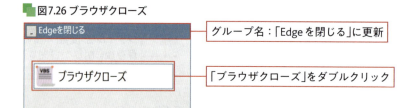

❷ ❶で追加した「ウィンドウを閉じる」をダブルクリックし、次のプロパティを設定

■ 図7.27 プロパティ画面_ブラウザクローズ

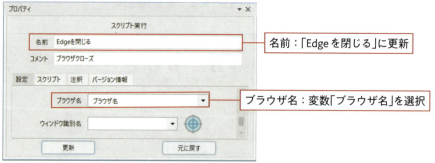

ライブラリ−23_ブラウザ関連−01_起動＆クローズ−ブラウザクローズ

- 名前：「Edgeを閉じる」に更新
- ブラウザ名：変数「ブラウザ名」を選択

❸ 作成が完了したグループ「Edge を閉じる」を、グループ「申請書ファイルを閉じる」の下へ配置

■ 図7.28 作成したシナリオのイメージ

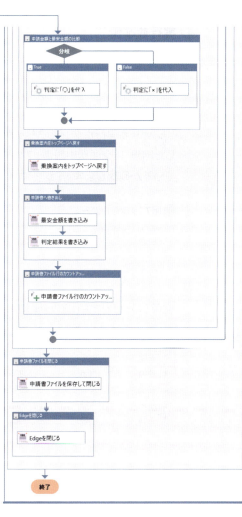

7-9 シナリオ実行結果確認

作成したシナリオが想定通り動作するか実行確認しましょう。

❶ 実行前準備

シナリオ実行に関係がないファイルやブラウザ、アプリケーションを閉じましょう。

❷ シナリオ実行/結果確認

シナリオ実行ボタンをクリックしてシナリオを実行しましょう。シナリオを実行した結果、「交通費申請書」ファイルのD列に最安金額が、E列に判定が書き込まれているか確認します。

図7.29 ツールバー

シナリオ実行ボタンをクリックして実行

図7.30 シナリオ実行後の交通費申請書ファイル

	A	B	C	D	E
1	出発駅	到着駅	申請金額	最安金額	判定
2	新橋	銀座	178	178	○
3	新橋	横浜	480	483	○
4	新橋	渋谷	208	178	×
5	新橋	上野	200	167	×
6	新橋	池袋	208	208	○

第8章
高度なWebブラウザ操作テクニック

WinActorのブラウザ操作では主に「ブラウザ関連」ライブラリを使用しますが、「ブラウザ関連」のライブラリにはXPathを設定する必要があります。本章ではシナリオの作成に必要なHTMLやXPathについて学習します。

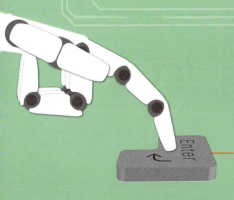

第8章 高度なWebブラウザ操作テクニック

8-1 Webページを対象とした開発

　WinActorでEdgeやChrome等のブラウザ操作をする場合、主に「ブラウザ関連」のライブラリを使用します。操作の記録を用いて作成した場合も「ブラウザ関連」のライブラリが作成されます。

　一方、EdgeのIEモードに対する操作は「自動記録アクション」や「IE関連」のライブラリを使用します。

	「ブラウザ関連」ライブラリ	<参考>EdgeのIEモード向けライブラリ
共通	ブラウザ名とXPathの指定	ウィンドウ名とclass、id、tagの指定
値の取得	XPath指定による取得	class、id、tag指定による取得
操作	クリック、値の取得など一通り可能	クリック、値の取得など一通り可能（ただし対象はボタン、テキストボックス、リストボックスなどに限られる）
テーブル	表の一括取得や行列数の取得が可能	表の一括取得や行列数の取得が可能

■図8.1 ライブラリ「ブラウザ関連＞ブラウザ起動」のプロパティ画面

> **NOTE　ブラウザ名**
>
> 　WinActorは基本的に処理対象のウィンドウを「ウィンドウ識別名」で管理しています。一方ライブラリ「ブラウザ関連」は対象ウィンドウを「ブラウザ名」で管理します。ブラウザ名は、「ブラウザ関連」のライブラリでブラウザを起動する際、任意の名前を付けることができます。また、起動済のブラウザに名前を付ける際はライブラリ「ブラウザ名を付ける」を利用します。ブラウザ名は繰り返し利用することになるため、変数に登録しておくことを推奨します。

図8.2 変数一覧

　「自動記録アクション」「IE関連」から作成したライブラリは「詳細設定」タブで指定されたHTMLの要素を、「ブラウザ関連」から作成したライブラリはXPathの項目で指定された情報を元にターゲットを特定しています。

8-2 HTML

　普段、私たちがブラウザで見ているWebページの多くがHTMLで作成されています。WinActorはHTMLのなかからライブラリで指定されたターゲットを探します。

> **NOTE**
>
> 　HTMLとは、HyperText Markup Language(ハイパーテキスト マークアップ ランゲージ)の略で、Webページを作成するための最も基本的なマークアップ言語(視覚表現や文章構造などを記述するための形式言語)の1つです。

8-2-1 tag

　HTMLはtag(タグ)によって構成されています。以下の記述では<>で囲まれている部分がタグとなり、同一の開始タグと終了タグで囲まれた部分を要素と呼びます。開始タグは<要素名>、終了タグは</要素名>と記述します。

図8.3 tag(タグ)の要素構成イメージ

> **NOTE** text
>
> タグで囲まれている部分をtext(テキスト)と呼びます。多くの場合、Webページ上で文字として表示されている部分となります。

タグには様々な種類があり、それぞれに意味や役割があります。例えば<a>に囲まれた要素はリンクとなり、<p>に囲まれた要素は段落として表示されます。<div>や<span>のように特定の意味は持たず、要素をグループ化するために利用されるタグもあります。

Webページ内に複数の同じタグが存在する場合、上から数えた順にindex(インデックス)で指定することができます。その際インデックスは0から始まります。

> **NOTE**
>
> 多くの要素は開始タグで始まり終了タグで終わる形式で記述しますが、開始タグのみを単独の要素として扱うタグもあります。例えば
は記述した箇所に改行を挿入し、<img>は画像を挿入することができます。これらには終了タグは必要ありません。

8-2-2 属性

属性を開始タグ内に記述することで、タグに情報を追加することができます。属性は名前とその値を「属性="属性値"」の形で記述します。タグに複数の属性を持たせることもでき、その場合は半角スペースで区切って列記します。

図8.4 属性を持つtag(タグ)の要素構成イメージ

＜タグ 属性＝"属性値" 属性＝"属性値"＞テキスト＜/タグ＞

name

name属性は、フォーム/フレーム/コントロール/オブジェクトなど多数の要素で「要素の名前」を指定する際に使用されます。

type

type属性は、特にフォーム要素で使用され、その要素の種類を指定します。例えば「type="text"」は1行のテキストボックスを、「type="button"」は汎用的なボタンを、「type="submit"」は送信ボタンを指定します。

id

id属性は、タグの管理名です。通常、id属性値はWebページ内で重複しないよう付けるため、多くの場合、ターゲットを特定することができます。

value

value属性では、要素の値を設定します。テキスト入力欄では初期値、チェックボックスでは選択された際適用される値を設定するために用いられます。

class

class属性は、複数のタグをグループ分けするためのタグの管理名です。Webページ内で複数使うことができるため、ライブラリで利用する際はインデックスを指定する必要があります。

frame/iframe

frame(フレーム)ではWebページを左右または上下に分割し、分割した部分にそれぞれ別のWebページを表示することができます。iframeでは、Webページ内の任意の場所を指定し、別のWebページを埋め込み表示することができます。

HTML上記載された順にindex(インデックス)が割り振られ、異なるフレームに存在するターゲットを操作する際はライブラリでフレームインデックスを指定する必要があります。インデックスは0から始まります。

第8章 高度なWebブラウザ操作テクニック

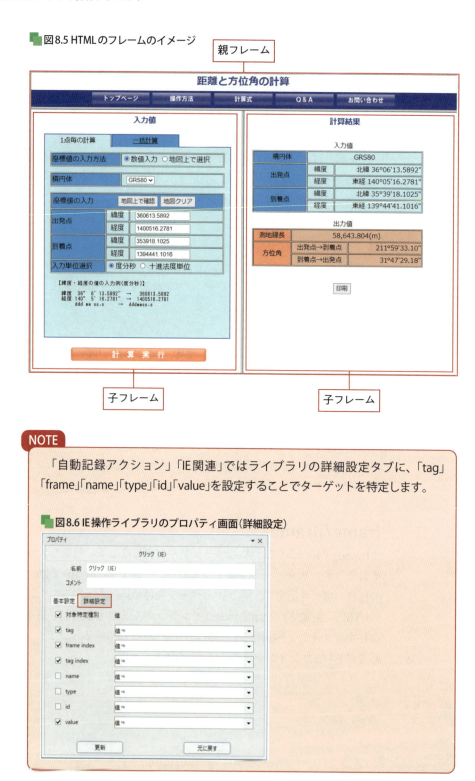

図8.5 HTMLのフレームのイメージ

NOTE

「自動記録アクション」「IE関連」ではライブラリの詳細設定タブに、「tag」「frame」「name」「type」「id」「value」を設定することでターゲットを特定します。

図8.6 IE操作ライブラリのプロパティ画面（詳細設定）

8-3 XPath

　XPath(XML Path Language)は、XMLやXMLに準拠したHTML内の要素、属性を指定することができる言語(構文)です。
　「ブラウザ関連」に属するライブラリでは、このXPathを利用してWebページからターゲットを指定します。

8-3-1 XPathの取得方法

　ブラウザの開発ツールを利用することで、WebページのHTMLからXPathを取得することができます。
　本書ではChromeでのXPath取得方法を紹介します。

「Yahoo!路線情報」から「検索」ボタンのXPathを取得する例

❶ **ブラウザで処理対象ターゲットのWebページを表示する**

❷ **ウィンドウ右上の「Google Chromeの設定」をクリック**

❸ **「その他ツール(L)」へマウスオーバー**

❹ **「デベロッパーツール(D)」を選択**
※Edgeでは「その他のツール>開発者ツール」、Firefoxでは「その他のツール>ウェブ開発ツール」

■ 図8.7 Chrome画面

第8章 高度なWebブラウザ操作テクニック

❺ デベロッパーツールが起動したことを確認

❻ 「Select an element」をクリック

❼ 処理対象のターゲット「検索」ボタンを選択

❽ デベロッパーツールで「検索」ボタンのコードが選択されるので右クリック

❾ 「Copy」へマウスオーバー

❿ 「Copy XPath」を選択

⓫ メモ帳などに貼り付け確認する

※処理対象のターゲットを右クリックし「検証」を選択することでコードを表示することも可能です。

図8.8 デベロッパーツール画面

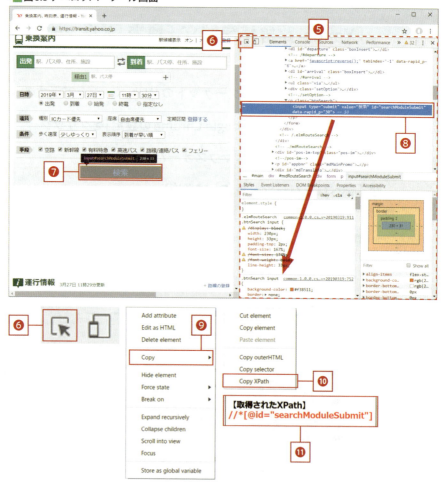

注意事項
XPathを利用する場合、対象のWebページのHTML構造が変更となった際、シナリオ実行時にエラーとなります。XPathを利用する場合は必ず「例外処理」を組み合わせましょう。

NOTE　ブラウザ関連ライブラリでのフレーム指定

　ターゲットフレームの切り替えにはライブラリ「フレーム選択」を利用します。初期は親フレームが選択された状態です。「選択モード」で親/子どちらのフレームがターゲットかを選択し、子フレームを選択する場合は更に「XPath」の指定が必要です。もし子フレーム内にさらにフレームがある場合、親から子、子から孫へ順にターゲットフレームを変更します。また、子フレーム選択時は別の子フレームへターゲットを変更することができないため、一度親フレームへターゲットを変更後、再度別の子フレームを選択する必要があります。

図8.9 プロパティ画面

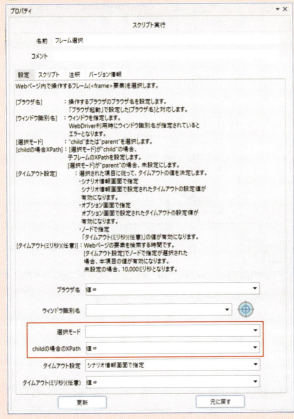

8-3-2 XPathの基本構文

XPathはHTMLをツリー状にとらえます。

▮ 図8.10 WebページとHTMLイメージ

Webページ

出発駅	
到着駅	
送信	

HTML
```
<html>
  <body>
    <div class="main">
      <p>出発駅 <input id="root_from" type="text" name="from"></p>
      <p>到着駅 <input id="root_to" type="text" name="to"></p>
    </div>
    <hr>
    <div class="footer">
      <input type="submit" value="送信">
    </div>
  </body>
<html>
```

上記のようなHTMLを、XPathは下図のようなツリーとしてとらえます。

▮ 図8.11 HTMLのツリーイメージ

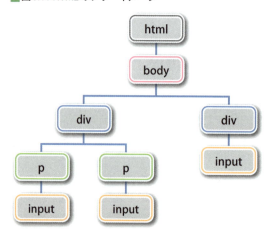

XPathは、階層を「/(スラッシュ)」で区切って記述し、先頭からすべての階層(パス)を記述するXPathを「絶対XPath」や「完全なXPath」と呼びます。この例で、出発駅の入力欄「input」を記述する場合、絶対XPathは次のようになります。

▼ 出発駅の入力欄「input」の絶対XPath

/html/body/div/p/input

8-3-3 XPathの記法

　用意された記法を用いることで、記述を簡略化できます。ここではWinActorで利用するいくつかの記法を紹介します。

//

　「//」を使用することで途中までのパスを省略することができます。

要素名［@属性名="属性値"］

　属性名と属性値を利用してターゲットを指定したい場合、「要素名[@属性名="属性値"]」の形式で記述することができます。要素名のみでは一意のターゲットを指定することが難しいときや、逆に要素名のみでターゲットが特定できるときに利用します。

*

　特定の要素や属性ではなく、任意の値を設定したい箇所に「*(アスタリスク)」を記述することでワイルドカードとすることができます。

［数字］

　同じ階層に同じXPathで表せる要素が複数ある場合、要素名の直後に[数字]を記述することで上からいくつめの要素かを指定することができます。

　出発駅の入力欄「input」のXPathを、先述した方法でブラウザから取得すると、完全なXPathではなく以下のようにある程度省略されたXPathがコピーされます。

▼ 出発駅の入力欄「input」のXPath

```
//*[@id="root_from"]
```

　idの属性値はWebページ内で1度しか使用しないと言う規則があるため、ターゲットに属性「id」が設定されている場合、上記のようにパスおよび要素名を問わずidのみを指定するというXPathがコピーされます。

　しかしターゲットにidが設定されていない場合、以下のように各要素と、同じ階層に同じ要素が複数ある場合は何番目の要素であるかが記述されたXPathがコピーされます。

第8章 高度なWebブラウザ操作テクニック

▼ 出発駅の入力欄「input」にidがなかった場合コピーされるXPath

```
/html/body/div[1]/p[1]/input
```

8-3-4 XPathの関数

XPathでは専用の関数が利用できます。関数は[]内に記述します。関数を利用することで、変化に強いXPathを作成することが可能です。ここでは利用頻度の高い関数を紹介します。

contains(@属性,"文字列")

特定の文字列を含む要素を選択します。例えば、//*[contains(@id, "root")]は、idの属性値にrootを含む要素を選択します。

starts-with(@属性,"文字列")

特定の文字列で始まる要素を選択します。例えば、//input[starts-with(@id, "root")]は、idがrootで始まるinput要素を選択します。

last()

最後の要素を選択します。例えば、//input[last()]は、最後のinput要素を選択します。

and

指定した両条件を満たす要素を選択します。例えば、//*[@type="text" and contains(@id, "to")]はtypeの属性値がtextかつnameの属性値にtoを含む要素を選択します。

text()="文字列"

開始タグと終了タグに囲まれた部分が特定の文字列である要素を選択します。例えば、//*[text()="出発駅"]は文字列部分が出発駅の要素を選択します。

> **NOTE**
>
> 関数で「@属性」と表記した部分は、「text()」を利用することも可能です。
>
> 例えば、次のページへ進むリンクとして<a>2ページ目に進む</a>という要素があるとき、//a[contains(text(), "ページ目に進む")]と記述すれば、ページ数に関わらず対象を選択できるXPathとなります。

　操作の記録でライブラリを作成した場合、XPath欄はWinActorが取得したXPathが自動的に入力されています。必要に応じて適宜変更してください。固定で問題ないXPathであれば値として入力します。条件によって変動するXPathであれば、まずシナリオ内でXPathを作成して変数に格納、その変数をXPath欄に設定しましょう。

■ 図8.12 操作の記録で作成した (5章) ライブラリのプロパティ画面

8-4 Webブラウザ（Edge）操作のXPath

5章で操作の記録を利用し自動的にXPathが設定されたライブラリを解説、また本章で学んだ記述を利用しXPathを利用したライブラリに変更します。

操作の記録で設定された場合やXPathを手動で取得した多くの場合、XPathのパスと要素名は省略されることが多いため、本項ではそれ以外の部分に焦点を当てます。

■ 図8.13 パスと要素名の省略

パスの省略
//*[@id="searchModuleSubmit"]
要素名を問わない

8-4-1 XPathの解説

5章で操作の記録を利用し作成したライブラリ「クリック」には、自動的にXPathが設定されていました。各XPathの解説を行います。

「5-4-5　㉑検索ボタンをクリック」の解説

■ 図8.14「検索をクリック」のターゲットとライブラリ

デベロッパーツールでの表示

`<input type="submit" id="searchModuleSubmit" value="検索" data-cl_cl_index="21">`

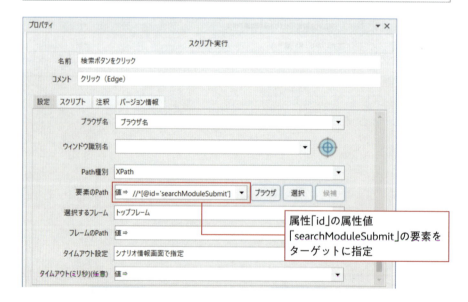

属性「id」の属性値
「searchModuleSubmit」の要素を
ターゲットに指定

要素名を問わず、id属性の属性値が「searchModuleSubmit」と一致するターゲットを対象とするXPathです。先述のように基本的にid属性の属性値はWebページ内で重複しないよう付けられるため、id属性を持つターゲットは多くの場合その属性値のみをXPathに利用します。

「5-4-5　㉒「料金の安い順」をクリック」の解説

■ **図8.15「料金の安い順をクリック」のターゲットとライブラリ**

デベロッパーツールでの表示

```
<span>
  <span class="icnPriFare">安</span>
  "料金の安い順"
</span>
```

テキスト部分に「料金の安い順」を含むターゲットを指定するXPathです。このライブラリのように、操作の記録を利用した場合でも関数を利用したXPathが設定されることがあります。

8-4-2 XPathを利用したシナリオの作成

5章(5-4-5　❶から⓬)では、出発駅と到着駅の入力を、クリップボードに取り込んだ値をショートカットキーでブラウザに貼り付けることで行っていました。これは対象のWebページで操作の記録を利用して値の入力を記録したライブラリそ

第8章 高度なWebブラウザ操作テクニック

のままでは、シナリオ実行時に値の入力が再現できないためでした。

このような場合は、手動で値を入力するライブラリをシナリオに追加し、ターゲットをXPathで指定することでより安定したシナリオ運用が可能になります。

図8.16「申請区間検索」グループのシナリオ

キーエミュレーションとクリップボードで作成(5章)　　　　XPathを利用したライブラリで作成

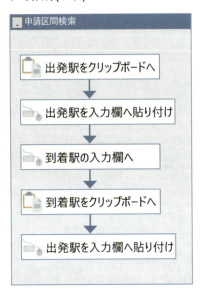
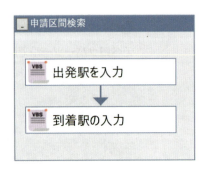

出発駅の入力

ライブラリ「値の設定」でXPathを指定して、出発駅が入力できるようにします。

❶ 出発駅の設定

ライブラリから「値の設定」をシナリオ編集エリアにドラッグ＆ドロップし、右クリックメニューから「グループ化」を選択、グループをダブルクリックします。

図8.17 値の設定

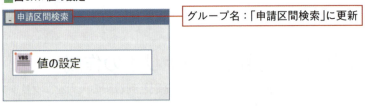

グループ名:「申請区間検索」に更新

- 名前:「申請区間検索」に更新

❷ 出発駅入力欄のXPathをデベロッパーツールでコピー

📗 図8.18 デベロッパーツールで確認した出発駅入力欄

```
<input id="query_input" type="text" autofocus name="from" autocomplete="on" value data-cl_cl_index="2">
```

デベロッパーツールで対象を右クリックし、「Copy」へマウスオーバー、「Copy XPath」を選択することでXPathをコピーします。

❸「値の設定」のプロパティを設定

ライブラリ「値の設定」をダブルクリックします。

📗 図8.19 プロパティ画面＿値の設定

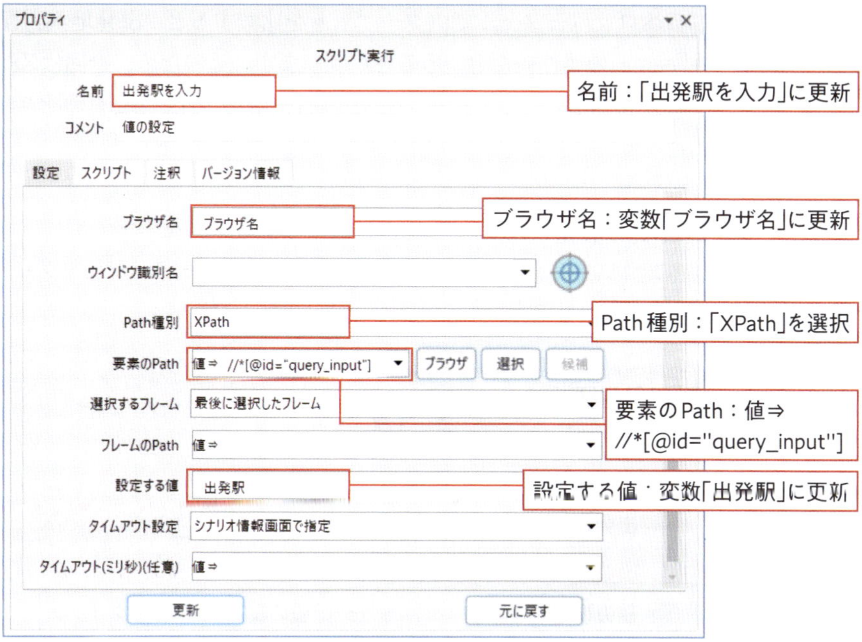

ライブラリ −23_ブラウザ関連 − 値の設定

- 名前：「出発駅を入力」に更新
- ブラウザ名：変数「ブラウザ名」に更新
- Path種別：「XPath」を選択
- 要素のPath：値⇒//*[@id="query_input"]
  デベロッパーツールからコピーした値を貼り付け
- 設定する値：変数「出発駅」に更新

183

到着駅の入力

ライブラリ「値の設定」でXPathを指定し、到着駅が入力できるようにします。

しかし、デベロッパーツールで到着駅入力欄のXPathをコピーすると、出発駅と同じXPathがコピーされます。

同一のXPathで指定できるターゲットが同じページに複数ある場合、最初のターゲットが操作対象となります。そのため、今回はデベロッパーツールで確認したターゲットを元に自分でXPathを作成する必要があります。

図8.20 デベロッパーツールで確認した到着駅入力欄

`<input id="query_input" type="text" name="to" autocomplete="on" value data-cl_cl_index="4">`

デベロッパーツールで両ターゲットを比較すると、出発地入力欄との差異は属性「name」の属性値だということが判ります。そのため、今回はXPath欄に「//*[@name="to"]」と入力し、属性「name」の属性値が「to」であるものをターゲットとして指定します。

❶ 到着駅の設定

ライブラリから「値の設定」を「申請区間検索」グループにドラッグ＆ドロップし、ダブルクリックします。

図8.21 値の設定

❷ 到着駅入力欄のXPathをデベロッパーツールで確認

図8.20を参照してください。

❸「値の設定」のプロパティを設定

8-4 Web ブラウザ（Edge）操作のXPath

■ 図8.22 プロパティ画面＿値の設定

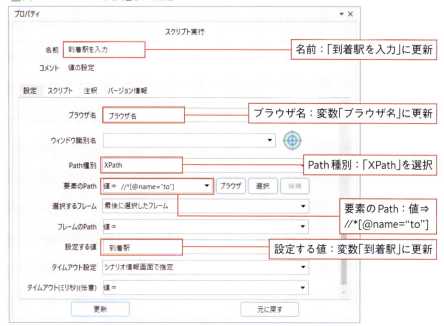

ライブラリ −23_ブラウザ関連−値の設定

- 名前：「到着駅を入力」に更新
- ブラウザ名：変数「ブラウザ名」に更新
- Path種別：「XPath」を選択
- 要素のPath：値⇒ //*[@name="to"]
- 設定する値：変数「出発駅」に更新

第9章
エラー・例外発生を想定したシナリオ開発

> 必要な処理のみでシナリオを作成すると、想定外のデータや想定外の画面遷移などでシナリオがエラーを起こし停止します。
> 　エラー・例外処理を想定してシナリオを開発することで、エラーが起こった場合の処理を設定しておくことが可能です。

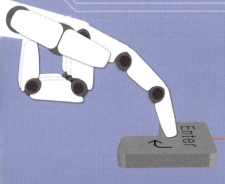

9-1 例外処理

通常のシナリオでは、エラーが発生した場合、その時点でシナリオが停止してしまいます。ノード「**例外処理**」を利用することにより、エラーが起こった場合の処理を決めておくことができます。

エラーが発生しない場合

エラーが発生しない場合には「正常系」フローの処理を行います。

■ **図9.1 例外処理の概要(1)**

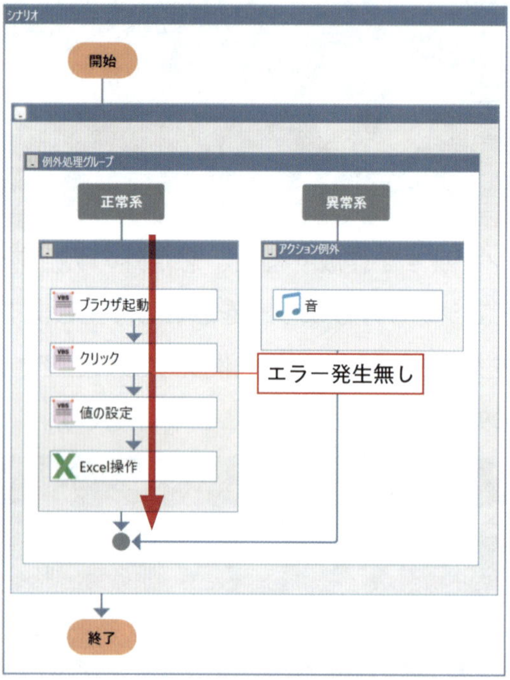

```
シナリオ
    開始

    例外処理グループ
        正常系                異常系

        ブラウザ起動          アクション例外
                                   音
        クリック                          ── エラー発生無し
        値の設定
        Excel操作

    終了
```

ノード – フロー – 例外処理

エラーが発生した場合

エラーが発生した場合は処理を中断して「異常系」フローの処理を行います。

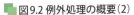
図9.2 例外処理の概要(2)

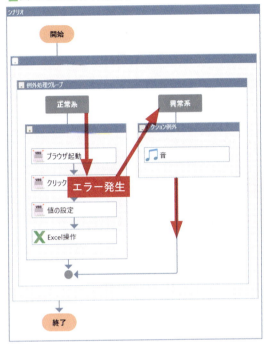

9-1-1 例外処理活用方法

エラーが想定されるノードのエラー回避

　開いているか分からないファイルのクローズ処理、区切り文字が含まれていない可能性のある文字列の分割など、エラーが起こってもその処理をしない場合に利用します。

第9章 エラー・例外発生を想定したシナリオ開発

図9.3 例外処理の活用方法-1

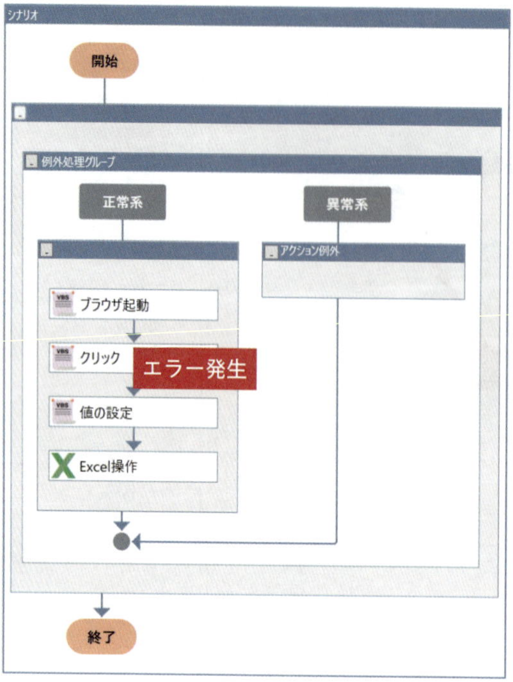

シナリオ

開始

例外処理グループ

| 正常系 | 異常系 |

ブラウザ起動

クリック　　**エラー発生**

値の設定

Excel操作

アクション例外

終了

※正常系でエラーが発生しても異常系に処理がない場合は何も処理が起きない

監視ルールを組み合わせた特殊処理

　ファイルを上書き保存する際、すでにファイルがある場合は「上書きしますか?」などのダイアログが表示されます。このような特定の画面が出現してシナリオが停止するような場合は、監視ルールと組み合わせてシナリオを継続することができます。

NOTE　監視ルールとは

　ダイアログなどの出現を、シナリオ上で処理可能な例外やサブルーチンへと結びつけるための規則です。シナリオ実行時に発生するか分からないダイアログなどがある場合に設定しておくと、シナリオ停止を回避することができます。

9-1 例外処理

❶ ダイアログウィンドウが表示される可能性がある処理とダイアログを確認

図9.4 例外処理の活用方法-2-手順①

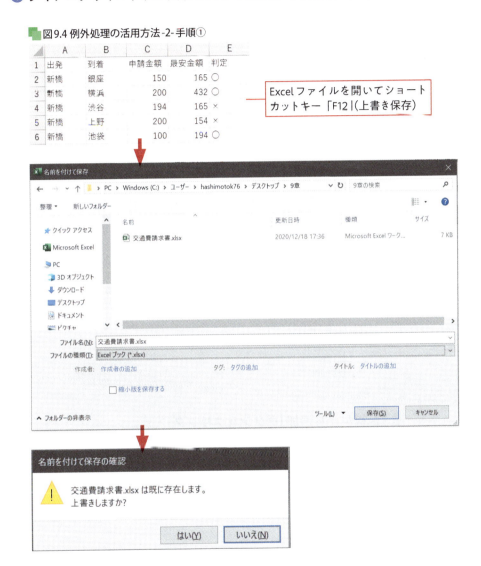

❷「メイン」画面より「監視ルール一覧」画面を開く

figure 9.5 例外処理の活用方法-2-手順②

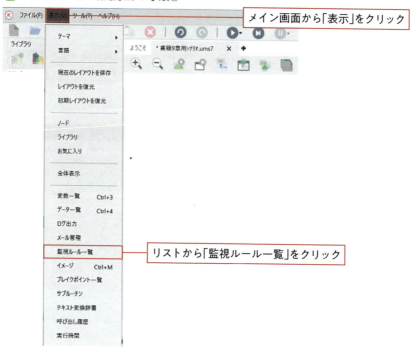

❸「監視ルール追加」ボタンをクリック

figure 9.6 例外処理の活用方法-2-手順③

9-1 例外処理

❹「監視ルール登録」画面で監視ウィンドウを設置

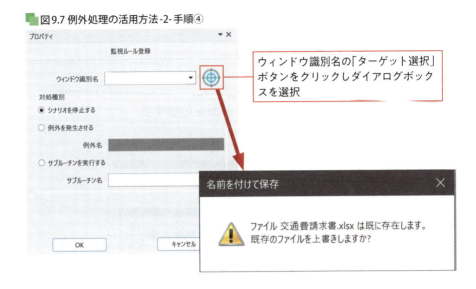

図9.7 例外処理の活用方法-2-手順④

❺「例外を発生させる」をチェックし「例外名」を登録する

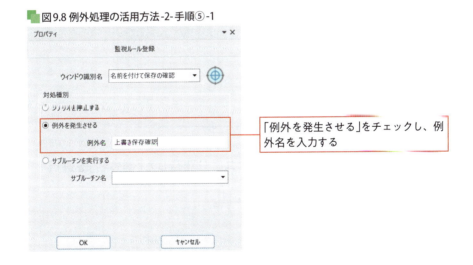

図9.8 例外処理の活用方法-2-手順⑤-1

第9章 エラー・例外発生を想定したシナリオ開発

📗 図9.9 例外処理の活用方法-2-手順⑤-2

監視ルールが作成された

❻「例外処理のプロパティ」画面を起動する

📗 図9.10 例外処理の活用方法-2-手順⑥

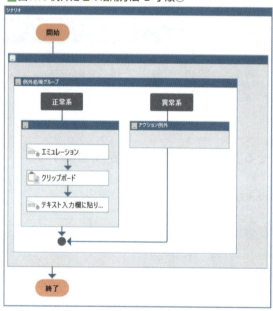

❼「例外名」のリストボックスより登録した「例外名」を選択

📗 図9.11 例外処理の活用方法-2-手順⑦-1

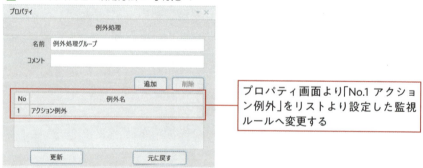

プロパティ画面より「No.1 アクション例外」をリストより設定した監視ルールへ変更する

194

図9.12 例外処理の活用方法-2-手順⑦-2

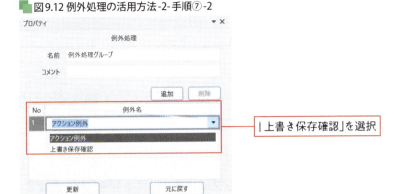

❽「例外処理」の「異常系」フローに確認ウィンドウの「はい」クリックを設置

図9.13 例外処理の活用方法-2-手順⑧

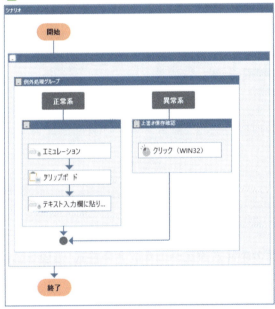

シナリオ全体のエラー回避

　シナリオ全体を正常系に入れることで、シナリオのどこでエラーが起きてもシナリオを停止せずに実行することが可能です。その場合、ライブラリ「エラー情報収集」にて異常系にエラー情報収集処理と実行ログや処理ファイルなどへの書き出し処理を設定することで、エラー情報を収集することができます。特に画像マッチングを利用する場合、マッチングエラーなどを想定しエラー処理を作成することは非常に有効です。

❶ 変数一覧画面より変数「エラー回数」を作成し処理値「0」を設置する

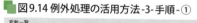
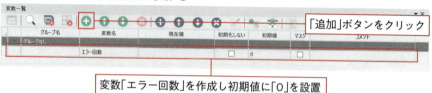

❷ ノード「繰り返し」を設置しプロパティ画面を開き「条件式設定」をクリック

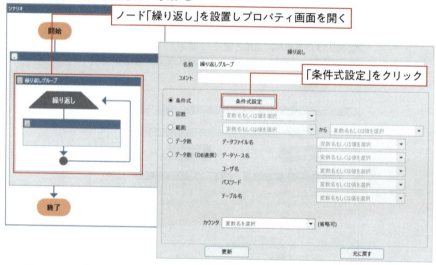

ノード – フロー – 繰り返し

❸ プロパティ画面の条件式設定画面を開き条件式（処理を続行するエラー発生回数）を設定する

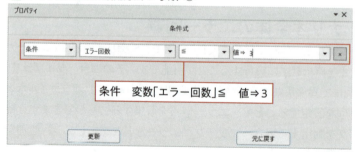

❹ ライブラリ「エラー情報収集」をノード「繰り返し」の中に設置する

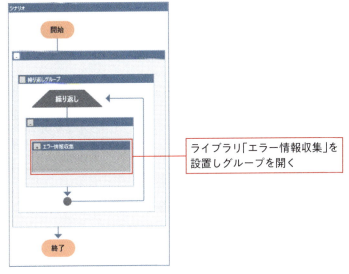
図9.17 例外処理の活用方法-3-手順-❹

ライブラリ－02_エラー処理－エラー情報収集

❺「エラー情報収集」を開き「エラーサンプル」と「エラー情報表示」を削除する

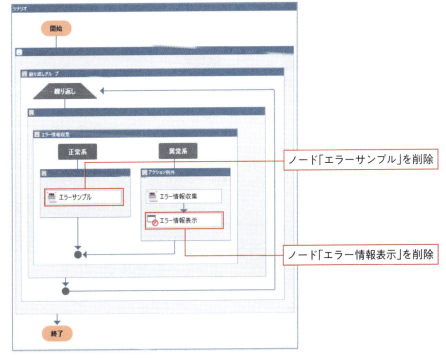
図9.18 例外処理の活用方法-3-手順-❺

❻ 変数一覧画面で、取得したエラー情報を格納する変数が自動作成されていることを確認

📗 図9.19 例外処理の活用方法-3-手順-❻

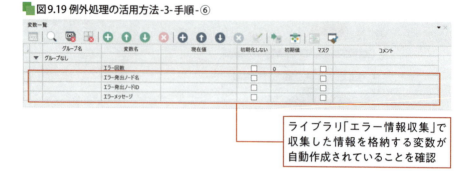

ライブラリ「エラー情報収集」で収集した情報を格納する変数が自動作成されていることを確認

❼ 異常系フローにエラー情報を取得した変数の値を「処理ログファイル」などへ書き込む

📗 図9.20 例外処理の活用方法-3-手順-❼

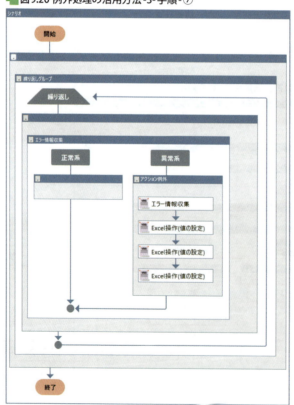

ライブラリ−18_Excel関連 − Excel操作(値の取得)

9-1 例外処理

❽ ノード「カウントアップ」を異常系フローへ追加しプロパティ画面を開く

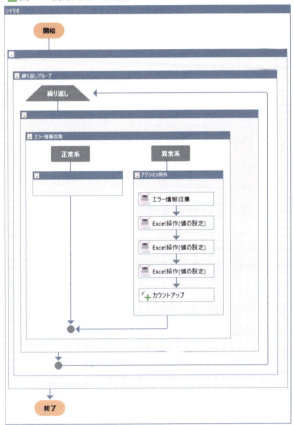

図9.21 例外処理の活用方法-3-手順-❽

ノード – 変数 – カウントアップ

❾ 計算結果に変数「エラー回数」を設置する

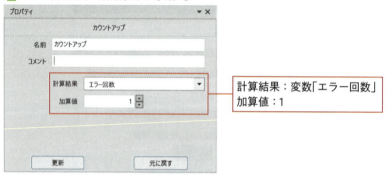

図9.22 例外処理の活用方法-3-手順-❾

計算結果：変数「エラー回数」
加算値：1

❿ 正常系フローに処理のシナリオ全体を設置する

図9.23 例外処理の活用方法-3-手順-❿

9-2 デバッグ

デバッグ(debug)とは、作成したシナリオをテストしてエラーとなる部分を特定、修正してシナリオが正常に動作するようにする作業です。

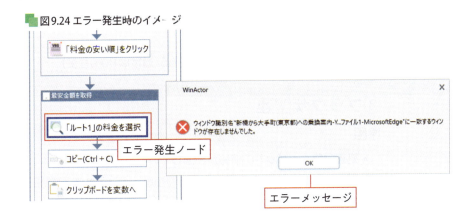

図9.24 エラー発生時のイメージ

9-2-1 エラーの原因と解消方法

WinActorのエラーは、以下の内容が主な原因となります。

①ウィンドウ関連

原因
- ターゲットを含むウィンドウが表示されていない
- ウィンドウ識別ルールが実際のウィンドウ名と相違している

解消方法
- ウィンドウが表示されるフローとなっているか確認する
- ウィンドウ識別ルールの条件を緩和する
- 個人設定の「拡張子表示」をシナリオ作成時と実行時で統一する

②画像マッチング

原因
- マッチング画像が表示されていない
- 表示画像がマッチング画像と相違している

- 表示画像の倍率がシナリオ作成時の倍率と相違している
- マッチング画像のマッチ率が高すぎる

解消方法

- 「ウィンドウ最大化」や「画面サイズ、位置設定」でウィンドウを固定化する
- 倍率100%となる処理(ショートカットキー Ctrl + 0 など)をシナリオへ設定する
- マッチング画像のマッチ率を調整する(通常は80%程度)

③ブラウザ関連

原因

- 処理対象ターゲットの情報が相違している
- ノードの設定(変数、HTML情報、XPath、インデックス)が相違している

解消方法

- ブラウザの「デベロッパーツール」などを使って対象ターゲットのXPath情報が相違していないか確認する。また、ノードの設定にXPath、変数の誤りがないか確認する

④シナリオ実行スピード

原因

- システム・ブラウザの表示や情報が完全に取得できていない状態で次の処理を実行する
- エミュレーションモードのキー操作が終わっていない状態で次の処理を実行する

解消方法

- システム・ブラウザ:ノード「ウィンドウ状態待機」を設置する。それでもエラーが解消されない場合はプロパティ画面の「画面の変化:「画面が操作可能になるまで」」を選択する
- エミュレーションの前後にノード「指定時間待機」を設置する(待機時間は「1000ミリ秒」程度)

⑤変数・文字列の設定

原因

- 文字列と変数を間違って処理している
- 別の変数を設置している

解消方法

- エラーとなるノードの前にノード「待機ボックス」を設置し実行する。シナリオが一時停止状態で変数一覧画面より変数の現在値を取得する
- 変数一覧画面の変数参照ツリー画面より変数の設置ノードを確認する

⑥分岐・繰り返しの条件式

原因

- 処理データ(変数)に不要なスペース・改行が含まれていて条件が正しく判断されない
- 処理データ(変数など)の全角・半角がそろっていないので条件が正しく判断されない
- 比較演算子が正しく選択されていない

解消方法

- 分岐・繰り返しの前にライブラリ「トリミング(改行除去)」を使って変数のスペース・改行を消去する
- 分岐・繰り返しの前にノード「全角化 / 半角化」を使って書式を統一する
- 比較演算子は文字列の場合は「等しい」・「等しくない」、数値の場合は「＝」、「≠」、「<」などが選択されていることを確認する

第9章 エラー・例外発生を想定したシナリオ開発

> **✒column ノードの設定情報のエクスポート**
>
> WinActorには、ノードの設定情報をファイルとしてエクスポートする機能があります。シナリオが大きくなると膨大な数のプロパティ画面を確認しなければなりませんが、この機能を使えばノードの設定状況を確認することができます。
>
> | No | ファイル名 | 項目 |
> |----|-----------|------|
> | 1 | タイムアウト | ノードID、ノード種別、ノード名、待機の種類、待機時間（ミリ秒） |
> | 2 | マッチ率 | ノードID、ノード種別、ノード名、コメント、マッチ率（%） |
> | 3 | 条件設定 | ノードID、ノード種別、ノード名、コメント、分岐名、条件種別、条件式 |
> | 4 | 変数名使用箇所 | ノードID、ノード種別、ノード名、コメント、変数名 |
> | 5 | ウィンドウ識別使用箇所 | ノードID、ノード種別、ノード名、コメント、ウィンドウ識別名 |
> | 6 | 名前・コメント | ノードID、ノード種別、ノード名、コメント |
> | 7 | ノードハッシュ値 | ノードID、ノード種別　ノード名、コメント、子ノード一覧、ハッシュ値 |

9-2-2 ブレイクポイントとステップ実行

エラーを解消するには、エラーノード、もしくはエラーノード前の変数の現在値を確認することが重要な作業となります。

ここではブレイクポイントとステップ実行の使い方を紹介します。

ブレイクポイント

ブレイクポイントはシナリオ内のノードに設定することができます。ブレイクポイントが設定され、かつ「ブレイクポイント一覧」画面でチェックが入っている場合、シナリオを実行するとブレイクポイントが設定されているノードの直前ノードまで実行し、一時停止状態になります。一時停止シナリオはメイン画面の「実行」ボタンで再開できます。

❶ ブレイクポイントを設定するノードを選択し、右クリックから「ブレイクポイント追加」を選択する

図9.25 ブレイクポイントの設定方法

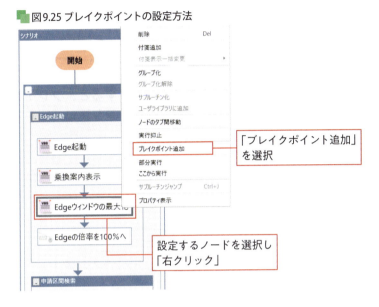

❷「メイン画面」の「表示」タブより「ブレイクポイント一覧」を選択

図9.26 ブレイクポイント一覧画面①

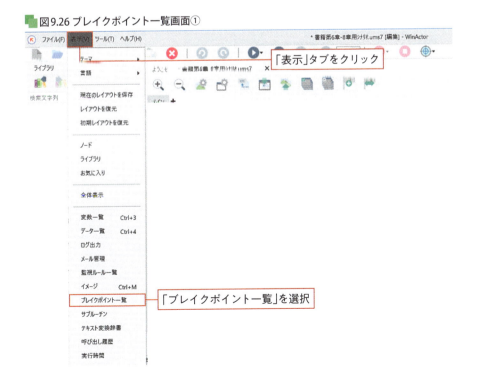

第9章 エラー・例外発生を想定したシナリオ開発

📗 図9.27 ブレイクポイント一覧画面②

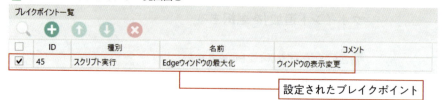

設定されたブレイクポイント

❸「メイン画面」より「実行」ボタンをクリックすると、ブレイクポイント設定ノードの直前まで実行し、ブレイクポイント設定ノードで一時停止状態となる

📗 図9.28 シナリオ実行①

「実行」ボタンをクリック

📗 図9.29 シナリオ実行②

❹「ブレイクポイント一覧」のチェックを外すとブレイクポイントが無効となる

📗 図9.30 ブレイクポイントの無効

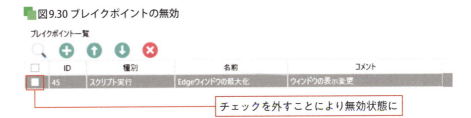

NOTE　ブレイクポイント設定ノードへの移動

「ブレイクポイント一覧」画面で対象のノードを選択し、「ノードジャンプ」ボタンをクリックすると、対象のノードへ移動することができます。

📗 図9.31 ノードジャンプ機能

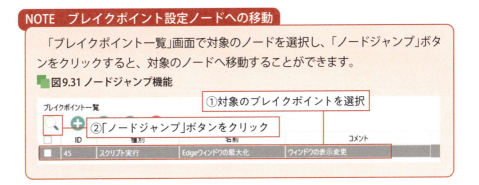

ステップ実行

ステップ実行とは、一時停止中および実行待ち状態から、ノードを一つずつ実行していく操作です。変数の値の変化を確認したい場合に利用します。

ステップ実行は、実行ボタンの隣の「ステップ実行」ボタンをクリックして行います。

📗 図9.32 ステップ実行方法

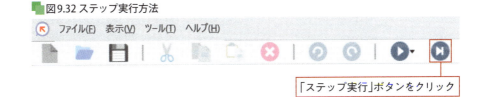

9-3　ログの活用

WinActorにはシナリオの実行時の情報をログ情報として記録しています。ここではログの出力項目と確認方法を紹介します。

第9章 エラー・例外発生を想定したシナリオ開発

9-3-1 ログの出力項目

対象	発生時期	出力内容
シナリオ	シナリオ開始	日時・シナリオ名
シナリオ	シナリオ停止	日時・シナリオ名・処理時間
未設定項目	シナリオ開始	日時・ノード名・ノードID
エラー	エラー発生	日時・ノード名・エラー内容・ノードID
グループ	ノード開始	日時・ノード名・ノードID
グループ	ノード終了	日時・ノード名・ノードID
分岐	ノード評価	日時・ノード名・論理式の真偽値・ノードID
分岐	ノード開始	日時・ノード名・ノードID
分岐	ノード終了	日時・ノード名・ノードID
多分岐	ノード評価	日時・ノード名・論理式の真偽値・ノードID
多分岐	ノード開始	日時・ノード名・ノードID
多分岐	ノード終了	日時・ノード名・ノードID
繰り返し	ノード評価	日時・ノード名・論理式の真偽値・ノードID
繰り返し	ノード開始	日時・ノード名・ノードID
繰り返し	ノード終了	日時・ノード名・ノードID
後判定繰返	ノード評価	日時・ノード名・論理式の真偽値・ノードID
後判定繰返	ノード開始	日時・ノード名・ノードID
後判定繰返	ノード終了	日時・ノード名・ノードID
繰り返し終了	ノード開始	日時・ノード名・ノードID
繰り返し終了	ノード終了	日時・ノード名・ノードID
次の条件判定	ノード開始	日時・ノード名・ノードID
次の条件判定	ノード終了	日時・ノード名・ノードID
例外処理	「正常処理」開始	日時・ノード名・ノードID
例外処理	「正常処理」終了	日時・ノード名・ノードID
例外処理	「例外処理」開始	日時・ノード名・ノードID
例外処理	「例外処理」終了	日時・ノード名・ノードID
サブルーチン呼び出し	ノード開始	日時・ノード名・ノードID
サブルーチン呼び出し	ノード終了	日時・ノード名・ノードID
サブルーチン	ノード開始	日時・ノード名・ノードID
サブルーチン	ノード終了	日時・ノード名・ノードID
サブルーチン終了	ノード開始	日時・ノード名・ノードID
サブルーチン終了	ノード終了	日時・ノード名・ノードID

9-3-2 ログの確認方法

ログ出力画面

ログは、実行直後であればログ出力画面から確認することができます。

❶ メイン画面より「表示」「ログ出力」を選択

図9.33 ログ確認方法①

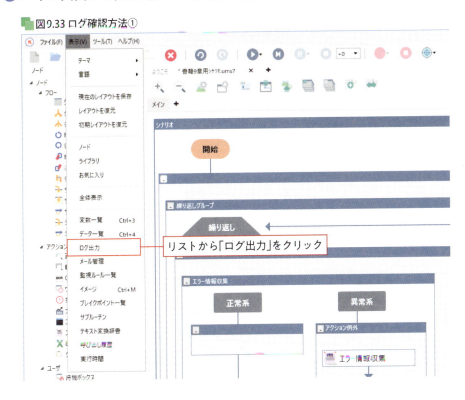

❷ ログ出力画面にてログエリアを確認する

図9.34 ログ確認方法②

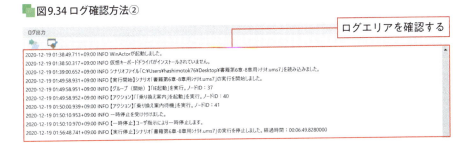

　ログ出力の行をダブルクリックすることで、そのログ出力に関係したノードを探し出してくれます。

ログファイル出力

ログはファイルに出力することも可能です。

❶ メイン画面より「ツール」「オプション」を選択

図9.35 ログ出力方法①

❷ 「ログ」タブより「実行ログを常に出力する」にチェックしファイルパスを設定し、ログファイルエンコーディングを選択する

図9.36 ログ出力方法②

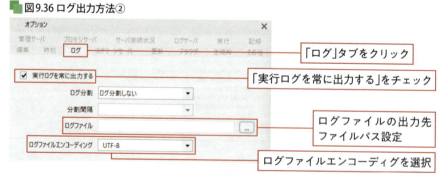

※ログを日付単位やシナリオ実行単位で分割して保存することができるようになっています。運用形態に合わせて選択できます。

> **NOTE　ログファイルの分割**
>
> ログファイルを自動的に分割保存する機能があります。オプション画面で、「分割しない」、「日付で分割」、「ファイルサイズで分割」から指定することが可能です。

9-4 特殊変数

WinActorには予め用意されている特殊変数があります。特殊変数と同じ名前の変数は作成することができません。またこれらの特殊変数は通常の変数と同様にシナリオ内で使用することができます。ここではよく使用する特殊変数を紹介します。

①連続実行経過時間情報

- 変数名：$ELAPSED_TIME
- 値の書式：整数値
- 読取／書込：読取
- 説明：連続実行の経過時間(秒)
- 使用方法例：シナリオの最長実行時間でシナリオを停止する

②連続実行のループ制御情報

- 変数名：$LOOP_NUM
- 値の書式：整数値
- 読取／書込：読取
- 説明：連続実行の現在の実行回数(1～)
- 使用方法例：最初の処理でのログイン処理、最後の処理での上書き保存

③実行中の誤動作防止

- 変数名：$DETECT_USER_OPERATION
- 値の書式：真偽値
- 読取／書込：読取／書込
- 説明：「予期せぬマウス／キーボード操作による一時停止」が有効か否かを表す真偽値。使用方法例：オプション画面の「予期せぬマウス／キーボード操作による一時停止」の設定をシナリオ実行時に変更できる

④データ一覧のファイル情報

- 変数名：$DATALIST-FILE
- 値の書式：文字列

第9章 エラー・例外発生を想定したシナリオ開発

- 読取 / 書込：読取
- 説明：データ一覧で開いているExcelファイルやCSVファイルのファイルパス
- 使用方法例：データ一覧ファイルに名前をつけて保存

⑤データ一覧のフォルダ情報

- 変数名：$DATALIST-FOLDER
- 値の書式：文字列
- 読取 / 書込：読取
- 説明：データ一覧で開いているExcelファイルやCSVファイルの格納フォルダ
- 使用方法例：データ一覧ファイルの移動やコピー

⑥シナリオファイル情報

- 変数名：$SCENARIOFILE
- 値の書式：文字列
- 読取 / 書込：読取
- 説明：シナリオファイルのファイルパス
- 使用方法例：シナリオファイルの操作

⑦シナリオフォルダ情報

- 変数名：$SCENARIO-FOLDER
- 値の書式：文字列
- 読取 / 書込：読取
- 説明：シナリオファイルの格納フォルダ
- 使用方法例：作業フォルダや起点フォルダに利用する

⑧スロー実行の設定

- 変数名：$SLOWEXECUTION-VALUE
- 値の書式：整数値
- 読取 / 書込：読取 / 書込
- 説明：シナリオの実行速度を調整。実行する各ノードの前に待機時間を設ける設定した値×0.1秒ずつ待機時間が増える。（0 〜 10が設定できる範囲）
- 使用方法例：シナリオショートカット実行時のスロー実行

　その他の特殊変数について知りたい場合は「WinActor_Operation_Manual.pdf」を確認してください。

第10章
押さえておきたい便利な機能

　本章ではシナリオ作成に利用できる便利な機能やシナリオの作り方を紹介します。これらを用いることでシナリオ作成の幅がひろがります。

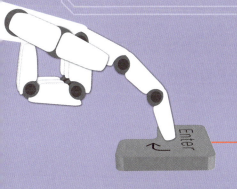

第10章 押さえておきたい便利な機能

10-1 メール管理

メール管理機能を使用することにより、メールアプリを使用せずにWinActorで直接メールの受信や受信メールの情報取得を行うことができます。ここではメール管理の設定方法と受信したメール情報を取得するシナリオを紹介します。

10-1-1 メール受信設定

メール受信設定は以下の3つの方法で行うことができます。ここでは「メール管理画面のメール受信設定」を紹介します。

- メール管理画面のメール受信設定
- メール受信設定インポートノード
- メール受信設定ノード

❶「メニューバー」の「表示」メニューをクリックし「メール管理」を選択

■図10.1 メール受信設定①

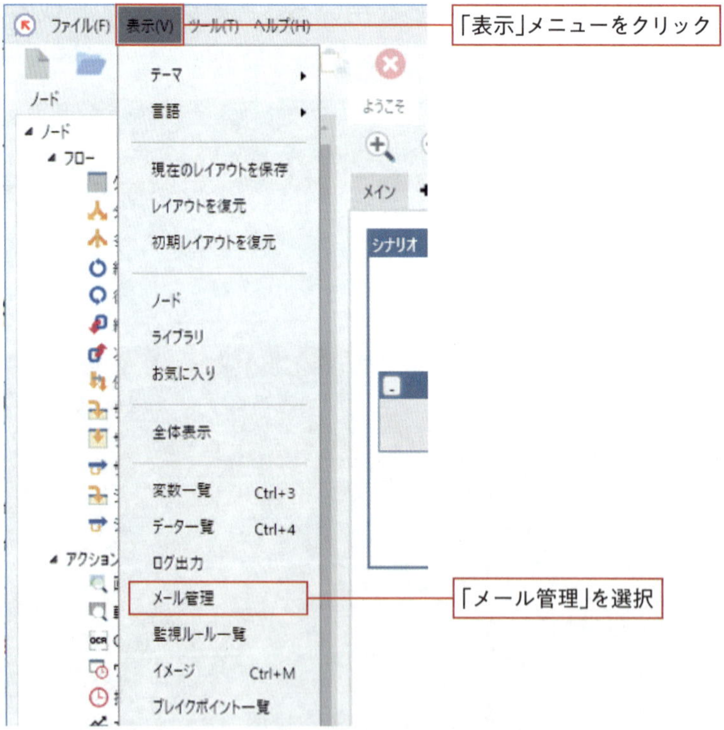

10-1　メール管理

❷「メール管理」画面の「メール受信パラメータ設定」をクリック

■図10.2 メール受信設定②

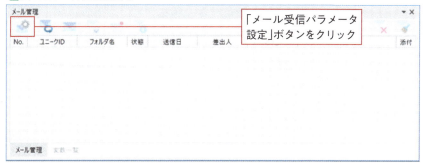

❸「接続設定」タブを選択して各項目を設定

■図10.3 メール受信設定③_接続設定

【注意】上記の設定はGoogleのメールサービスであるGmailを利用する場合の設定方法です。事前にGmailの設定で「POPを有効」にする必要があります。設定方法は、Gmailのヘルプを参照してください。Gmail以外で、どのようなメールサービスが使用できるかは、「WinActorメール受信シナリオ作成マニュアル1はじめに」(pp.1-2)を参照してご判断ください。

■接続設定タブの設定項目

No	項目	説明
1	ホスト名	メールサーバのホスト名、またはIPアドレスを指定します。(必須)

215

第10章 押さえておきたい便利な機能

2	ユーザ名	メールサーバにログインするユーザ名を指定します。(必須)
3	パスワード	メールサーバにログインするパスワードを指定します。(必須)
4	認証方式	USER/PASS 認証、APOP 認証から選択します。(必須)
5	ポート番号	メールサーバのポート番号を指定します。(必須)
6	接続の保護	メールサーバ接続時の保護モードを下記から選択します。(必須)
		しない	保護なし(POP3)
		TLS/SSL	保護あり(POP3S)
		STARTTLS	保護あり(STARTTLS)
7	接続タイムアウト	メールサーバへの接続タイムアウトの時間を指定します。
8	メール受信タイムアウト	メールサーバからのメール受信応答のタイムアウト時間を指定します。
9	取得したメールをサーバから消去	メール受信時に受信メールをメールサーバから削除する場合にチェックをします。

❹「保存設定」タブを選択して各項目を設定

■ 図10.4 メール受信設定④ _ 保存設定

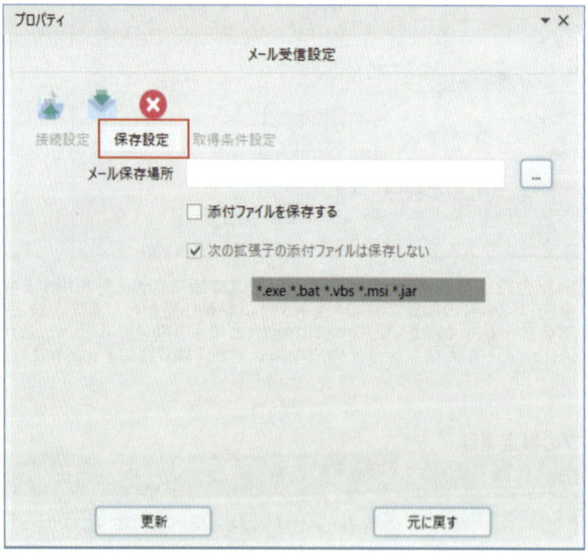

■ 保存設定タブの設定項目

No	項目	説明
1	メール保存場所	受信メールの格納先フォルダを指定します。（必須） フォルダパスの指定は絶対パス、または相対パスで指定します。相対パスで指定する場合は、以下のフォルダが起点となります。 ① %USERPROFILE%\Documents\WinActor ② ①がない場合は、WinActorのインストールフォルダ
2	添付ファイルを保存する	メール受信時に添付ファイルを保存する場合にチェックを付けます。
3	次の拡張子の添付ファイルは保存しない	添付ファイルを保存する際に、特定の拡張子のファイルを保存しない場合にチェックを付けます。「添付ファイルを保存する」にチェックがある場合のみ、設定が有効となります。
4	拡張子入力欄	「次の拡張子の添付ファイルは保存しない」で指定する拡張子入力欄です。拡張子の指定は「*.(任意の拡張子)」で行います。半角スペースを区切り文字として、複数の拡張子を指定できます。

❺「取得条件設定」タブを選択して各項目を設定

■ 図10.5 メール受信設定⑤_取得条件設定

■取得条件設定タブの設定項目

No	項目	説明	
1	項目	メールの取得条件の項目を下記から選択します。	
		SUBJECT	メールの件名
		TO	メールの宛先アドレス
		FROM	メールの送信元アドレス
2	値	条件の内容を記載します。	
3	条件	No1,2 に対する取得条件を下記から選択します。	
		一致する	完全一致
		を含む	部分一致
		で始まる	先頭文字列として一致
		で終わる	末尾文字列として一致
		正規表現	正規表現として一致
4	追加	No1,2,3 の組み合わせをルール一覧に追加します。	
5	削除	ルール一覧から選択した情報を削除します。	
6	更新	ルール一覧から選択した情報を更新します。	
7	ルール一覧	追加した取得条件を表示します。※全ての条件を満たすメールを受信します。	

❻「メールフォルダ同期」ボタンをクリックしメール受信を確認

■図10.6 メール受信設定⑥

メール受信が完了すると「メール管理」画面に表示されます。

10-1-2 メール受信とメール情報取得シナリオ

ここではメールを受信してそのメールの情報を取得するシナリオを作成します。

図10.7 シナリオ完成図

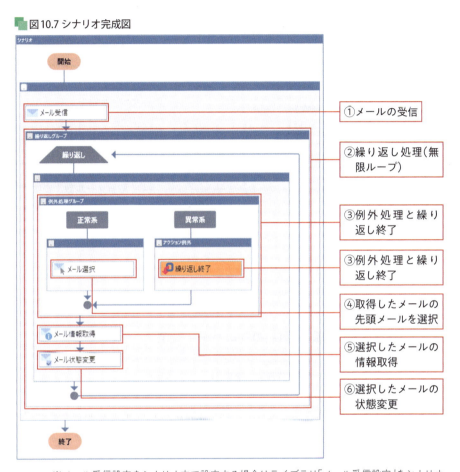

※メール受信設定をシナリオ内で設定する場合はライブラリ「メール受信設定」をシナリオの先頭に設置します。

❶ ライブラリ「メール受信」のプロパティ設定

■ 図10.8 シナリオ作成① _ メール受信

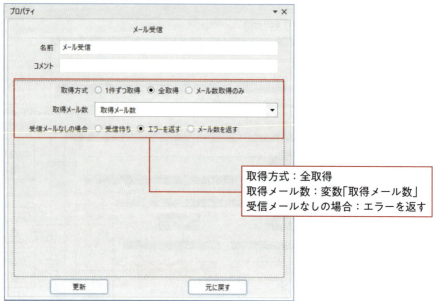

取得方式：全取得
取得メール数：変数「取得メール数」
受信メールなしの場合：エラーを返す

❷ ノード「繰り返し」のプロパティ設定

■ 図10.9 シナリオ作成② _ 繰り返し _ プロパティ

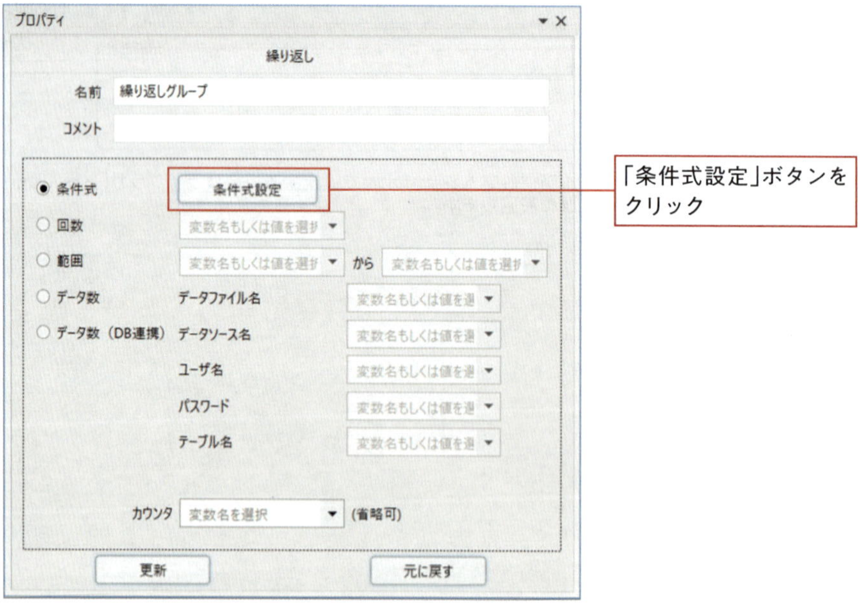

「条件式設定」ボタンをクリック

■図10.10 シナリオ作成② _ 繰り返し _ プロパティ _ 条件式

値1：値⇒（空白）
比較演算子：等しい
値2：値⇒（空白）

❸ ノード「例外処理」を繰り返しの中に設定し「異常系」にノード「繰り返し終了」を設置

処理メールがない場合エラーを発生し例外処理で繰り返しを終了します。

■図10.11 シナリオ作成③ _ 例外処理・繰り返し終了

「例外処理」を設置

「例外処理」の「異常系」に「繰り返し終了」を設置

❹ ライブラリ「メール選択」のプロパティ設定

取得したメールの中から処理するメールを選択します。

第10章 押さえておきたい便利な機能

▪図10.12 シナリオ作成④_メール選択

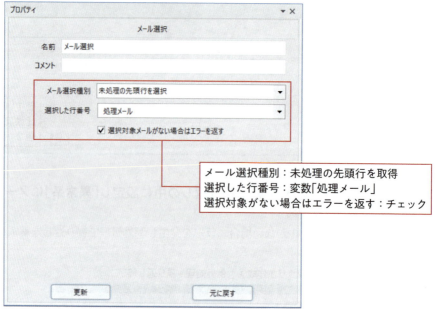

ライブラリ - 20_メール関連 - 03_WinActorメール管理 - メール選択

❺ **ライブラリ「メール情報取得」のプロパティ設定**
選択したメールから処理に必要なメールの情報を設定します。

▪図10.13 シナリオ作成⑤_メール情報取得

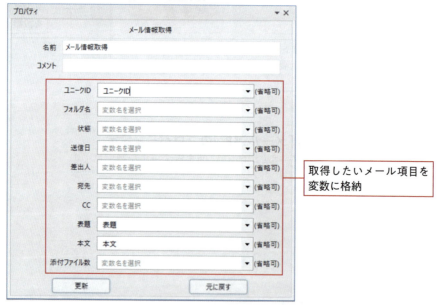

ライブラリ - 20_メール関連 - 03_WinActorメール管理 - メール情報取得

222

❻ ライブラリ「メール状態変更」のプロパティ設定

選択したメールの状態を変更します。

図10.14 シナリオ作成⑥_メール状態変更

ライブラリ - 20_メール関連 - 03_WinActorメール管理 - メール状態変更

10-2 ログイン処理

システムやWebにログインする際に必要なパスワードを直接WinActorのシナリオに記載すると、シナリオを読める全ての人にパスワードが伝わってしまい、セキュリティ上の問題があります。WinActorには、このような場合にパスワードを守る手段がいくつか用意してあります。ここでは代表的なパスワードの処理方法を解説します。

10-2-1 変数一覧の初期値による設定

変数一覧画面の初期値にパスワードを入力し「マスク」にチェックを入れると、現在値、初期値がマスキングされます。また「マスク」のチェックを外すと現在値、初期値も消えます。これにより、シナリオを読む人からパスワードを守ります。

❶ 変数一覧画面の初期値に「パスワード」の値を入力する

図10.15 変数一覧の初期値設定 _ 手順①

❷ 「マスク」にチェックを入れると変数の「現在値」と「初期値」が「*****(マスキング)」で表示される

図10.16 変数一覧の初期値設定 _ 手順②

❸ 「マスク」のチェックを外すと変数の「現在値」と「初期値」も抹消される

図10.17 変数一覧の初期値設定 _ 手順③

10-2-2 インプットボックスを使った入力

ライブラリ「パスワードインプットボックス」を使うことにより入力内容を非表示で入力することが可能です。

❶ インプットボックスを使ったシナリオ

図10.18 インプットボックスを使った入力 _ 手順①

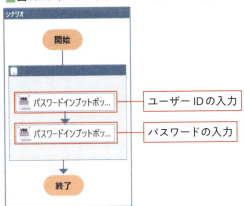

❷ ライブラリ「パスワードインプットボックス」のプロパティ設定

図10.19 インプットボックスを使った入力 _ 手順②

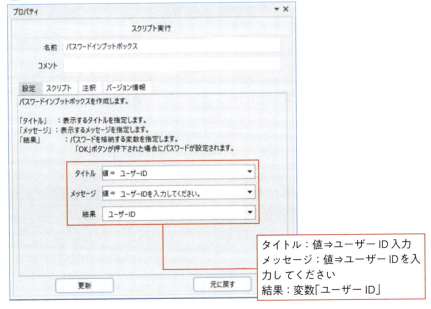

タイトル：値⇒ユーザーID入力
メッセージ：値⇒ユーザーIDを入力してください
結果：変数「ユーザーID」

ライブラリ - 10_ダイアログ - パスワードインプットボックス

❸ 同様にパスワード入力についても設定する

❹ シナリオ実行

▎図10.20 インプットボックスを使った入力 _ 手順④

「実行ボタン」をクリック

❺ インプットボックスが表示された

▎図10.21 インプットボックスを使った入力 _ 手順⑤

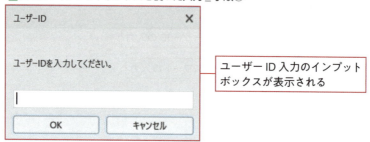

ユーザーID 入力のインプットボックスが表示される

❻ 「ユーザーID」を入力すると「●●●●●」で表示される

▎図10.22 インプットボックスを使った入力 _ 手順⑥

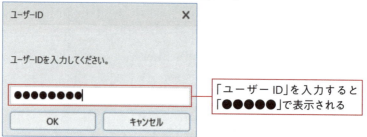

「ユーザーID」を入力すると「●●●●●」で表示される

> **NOTE**
> 入力した値は変数一覧画面の現在値で見えてしまいます。必要に応じて、マスクを併用して現在値を隠しましょう。

10-2-3 ユーザーファイルを使用した処理

「ユーザーID」と「パスワード」を記載した「ユーザーファイル」を作成しローカルフォルダ（マイドキュメントやデスクトップ）に保存することで、PCログインユーザー以外に情報を公開することなくWinActorに読み込ませることができます。

❶ ユーザーファイル作成とマイドキュメントフォルダへ設置

図10.23 ユーザーファイルを使用した処理＿手順①

❷ マイドキュメントのユーザーファイル読込のシナリオ

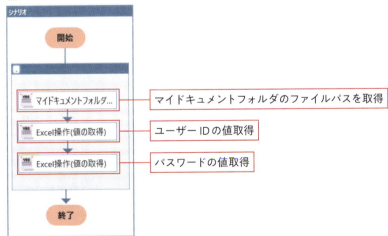

図10.24 ユーザーファイルを使用した処理＿手順②

❸ ライブラリ「マイドキュメントフォルダのファイルパス」のプロパティ設定

第10章 押さえておきたい便利な機能

📊 図10.25 ユーザーファイルを使用した処理 _ 手順③

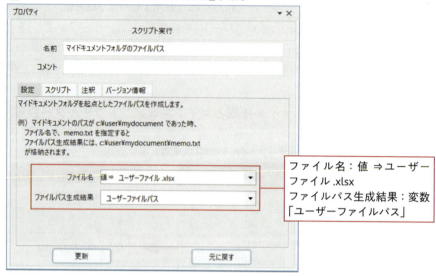

ファイル名：値 ⇒ ユーザーファイル.xlsx
ファイルパス生成結果：変数「ユーザーファイルパス」

ライブラリ - 13_ファイル関連 - 05_ファイル名 - マイドキュメントフォルダのファイルパス

❹ ライブラリ「Excel操作(値の取得)」のプロパティ設定

📊 図10.26 ユーザーファイルを使用した処理 _ 手順④

ファイル名：変数「ユーザーファイルパス」
シート名：値⇒(空白)
セルの位置：値⇒ B1
取得方法：value
格納先変数：「ユーザーID」

ライブラリ - 18_Excel関連 - Excel操作(値の取得)

❺ 同様にパスワード入力についても設定する

10-3 アプリケーションの起動方法

WinActorでアプリケーションを操作するには、まずアプリケーションを起動しなければなりません。WinActorでは、アプリケーションを起動する方法をいくつか用意してあります。ここでは代表的なアプリケーションの起動方法を解説します。

なお、Excelなどのいくつかのアプリケーションは、必要に応じて自動的に起動されますので、起動処理を行わなくても操作することができます。

10-3-1 デスクトップのアイコンをクリック

画像マッチングを使用しデスクトップの対象アプリケーションのショートカットより起動します。

■図10.27 デスクトップのアイコンをクリック

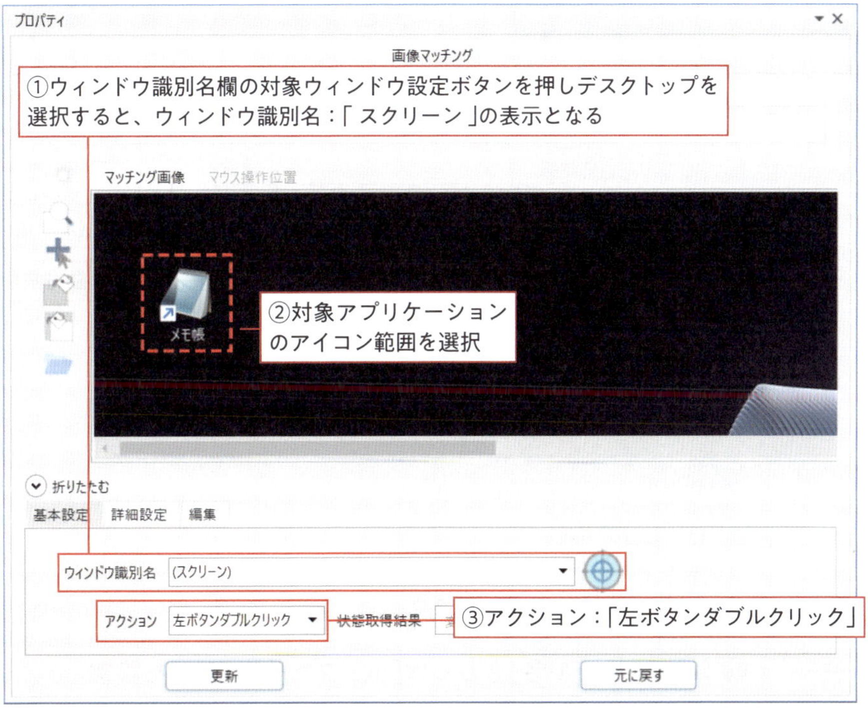

ノード - アクション - 画像マッチング

第10章 押さえておきたい便利な機能

❶ ウィンドウ識別名欄のターゲット設定ボタンを押しデスクトップを選択すると、ウィンドウ識別名：「(スクリーン)」の表示となる

❷ 対象アプリケーションのアイコン範囲を選択

❸ アクションは「左ボタンダブルクリック」を選択

10-3-2 コマンド実行

コマンド実行を使用し、アプリケーションを実行します。ノード「コマンド実行」を使うと、起動オプションや起動方法についての設定が可能です。

■ 図10.28 コマンド実行

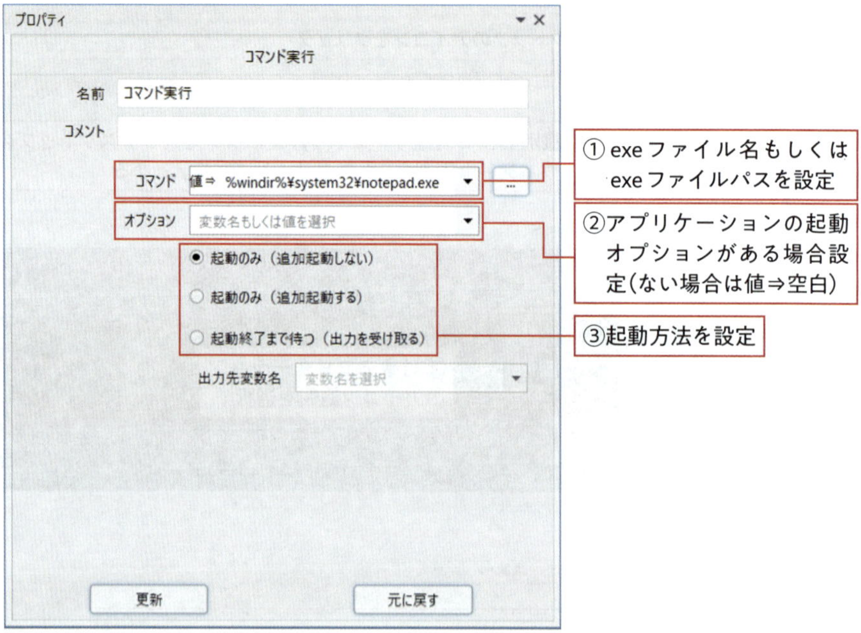

ノード - アクション – コマンド実行

❶ 「exeファイル名」もしくは「exeファイルパス」を設定

❷ アプリケーションの起動オプションがある場合設定
（ない場合は値⇒（空白））

❸ **起動方法を設定**
- 起動のみ（追加起動しない）…アプリケーションがすでに起動していない場合のみ起動
- 起動のみ（追加起動する）…アプリケーションがすでに起動していても追加で起動
- 起動終了まで待つ…アプリケーションの終了まで待機する

10-3-3 ファイル名を指定して実行ウィンドウより起動

❶ **変数一覧より変数「ファイル名」を作成し初期値に「notepad.exe」を設定する**

図10.29 ファイル名を指定して実行ウィンドウより起動_手順①

❷ **ファイル名を指定して実行ウィンドウより起動のシナリオ**

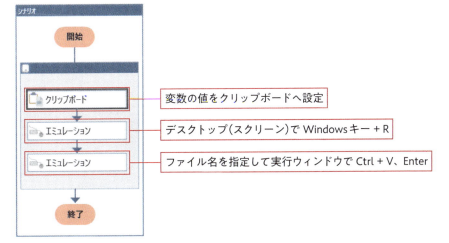

図10.30 ファイル名を指定して実行ウィンドウより起動_手順②

第10章 押さえておきたい便利な機能

❸ 変数の値をクリップボードへ設置

■ 図10.31 ファイル名を指定して実行ウィンドウより起動 _ 手順③

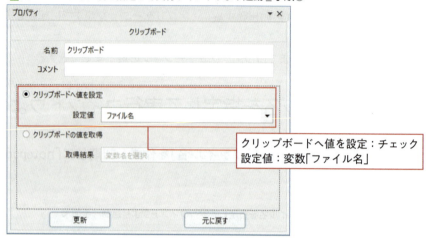

ノード – アクション – クリップボード

❹ Windowsキー + R（ファイル名を指定して実行ウィンドウより起動）

■ 図10.32 ファイル名を指定して実行ウィンドウより起動 _ 手順④

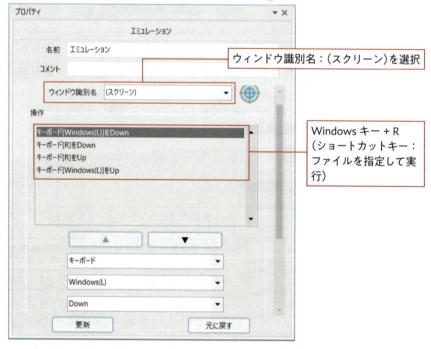

ライブラリ – 04_自動記録アクション - エミュレーション

❺ Ctrl + V（ショートカットキー：クリップボードの値を貼り付け）
Enter（OKボタンをクリック）

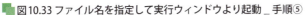
図10.33 ファイル名を指定して実行ウィンドウより起動 _ 手順⑤

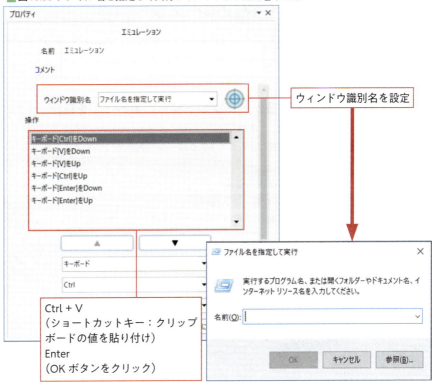

ライブラリ - 04_自動記録アクション - エミュレーション

10-4 画像が見つかるまで下スクロール（画像マッチング）

画像マッチングでシナリオを作成する場合、画像がウィンドウの下にあり見えない場合は「画像が見つかるまで下スクロール」を行う処理が有効です。

❶ 操作対象の画像がページの下部分にあることを確認

図10.34 画像が見つかるまで下スクロール _ 手順①

❷ 画像が見つかるまで下スクロールのシナリオ

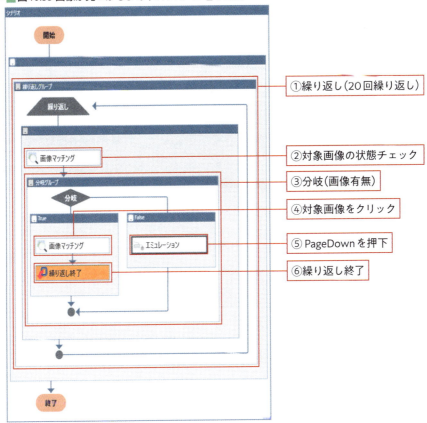
図10.35 画像が見つかるまで下スクロール_手順②

第10章 押さえておきたい便利な機能

❸ 繰り返しの条件設定

▮ 図10.36 画像が見つかるまで下スクロール_手順③

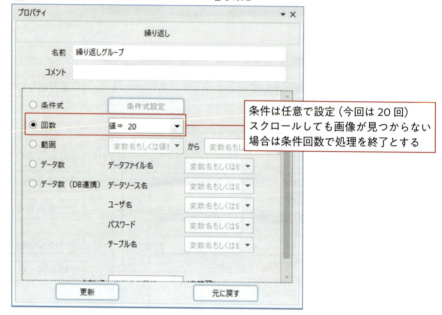

ノード − フロー − 繰り返し

❹ 画像の状態チェック設定（画像マッチング）

▮ 10.37 画像が見つかるまで下スクロール_手順④-1

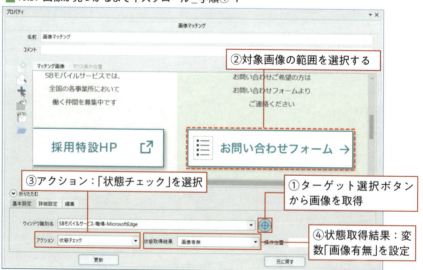

ノード − アクション − 画像マッチング

10-4 画像が見つかるまで下スクロール（画像マッチング）

📗 図10.38 画像が見つかるまで下スクロール_手順④-2

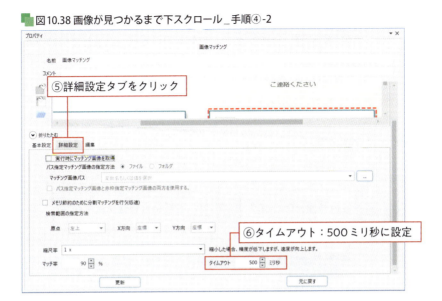

❺ 分岐の条件式設定

📗 図10.39 画像が見つかるまで下スクロール_手順⑤

ノード – フロー – 分岐

第10章 押さえておきたい便利な機能

❻ **画像を左クリック設定（画像マッチング）**
　手順②の画像マッチングノードをコピー＆ペーストして分岐グループのTrue側に配置します。

図10.40 画像が見つかるまで下スクロール_手順⑥-1

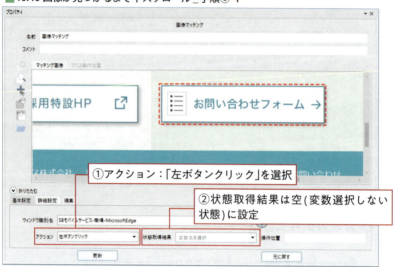

ノード − アクション − 画像マッチング

図10.41 画像が見つかるまで下スクロール_手順⑥-2

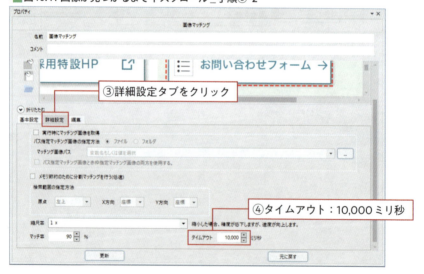

238

10-4 画像が見つかるまで下スクロール（画像マッチング）

❼「PageDown」をクリック（ページダウン）

図10.42 画像が見つかるまで下スクロール_手順⑦

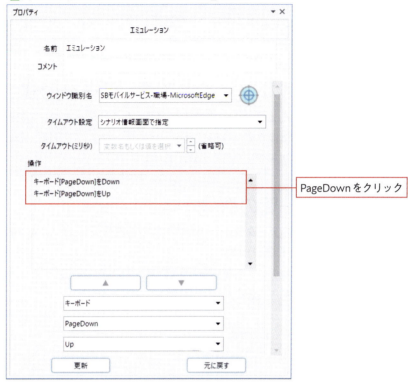

ライブラリ – 04_自動記録アクション - エミュレーション

第10章 押さえておきたい便利な機能

10-5 データ一覧

　　特定形式のデータファイルを「データ一覧」機能を使ってWinActorに取り込み処理することができます。データ一覧機能を使うと、Excelの値読込や書込みが不要になり高速で処理することが可能です。

10-5-1 処理可能なファイル形式、データ形式

　　ファイル形式は「Excel」「CSV」ファイルもしくはデータベースを利用することができます。また扱うデータ形式は1行目にデータ名、2行目以降に実際のデータ（データテーブル形式）である必要があります。

10-5-2 データ一覧の機能

①データ一覧のデータ数（2行目から最終行の行数分）だけWinActorは「開始」〜「終了」を繰り返し実行します。

②データ一覧のデータ名がWinActorの変数名と同じ場合はデータ一覧とWinActorの変数が同期されます。

■ 図10.43 データ一覧の機能

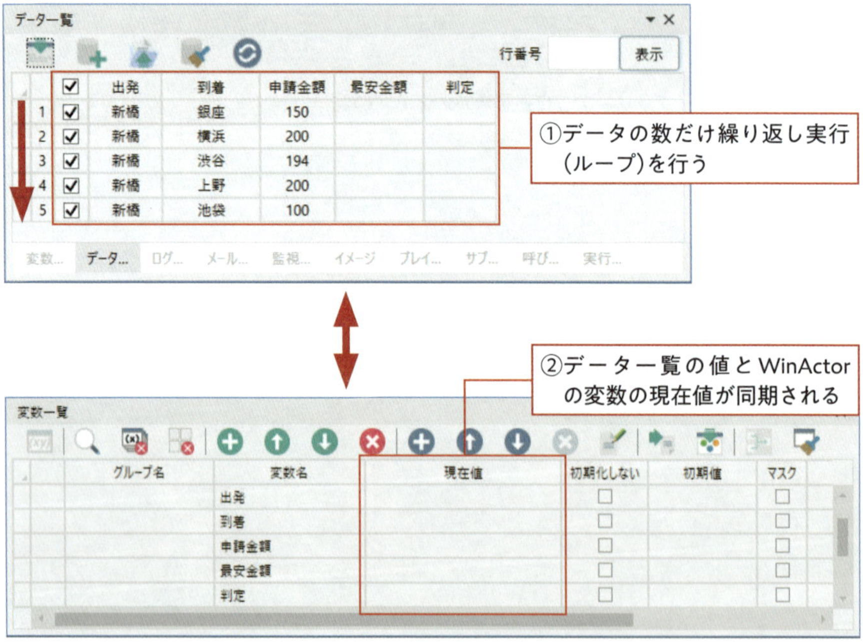

240

10-5-3 データ一覧のインポート

❶ メインメニューの「表示」から「データ一覧」をクリック

図10.44 データ一覧のインポート_手順①

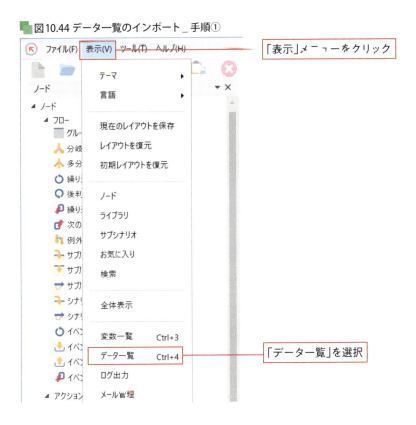

❷「データインポート」ボタンをクリック

図10.45 データ一覧のインポート_手順②

❸ 対象ファイルを選択し「開く」ボタンをクリック

■ 図10.46 データ一覧のインポート＿手順③

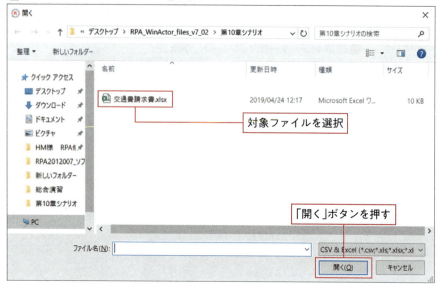

■ 図10.47 データ一覧のインポート＿手順④

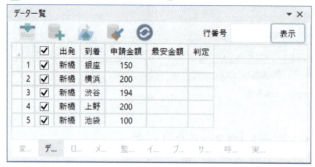

> **NOTE** 自動的にデータ一覧へデータを読み込みたい場合
>
> 　WinActor起動ショートカット作成画面で「起動時にデータインポートの実行」にチェックを入れてショートカットを作成することで、ショートカットの実行時に自動的にデータ一覧へデータを読み込むことが可能です。

10-6 日付による分岐

　シナリオを書く上で、処理の日付と基準日を比較し、それ以前と以後で処理を分岐したい場合があると思います。WinActor の分岐では、条件に日付の判定を書くことはできません。従って、以下に解説するように、「日付差分による分岐」を使用する必要があります。

❶ 変数を作成し変数「基準日」の初期値に比較対象の日付を設置

図10.48 日付による分岐_手順①

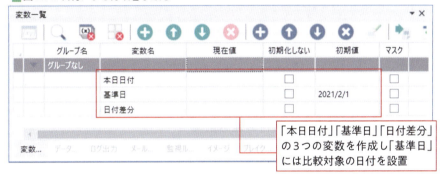

「本日日付」「基準日」「日付差分」の3つの変数を作成し「基準日」には比較対象の日付を設置

❷ 日付による分岐シナリオ

図10.49 日付による分岐_手順②

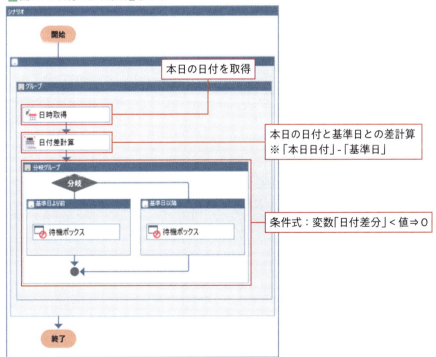

本日の日付を取得

本日の日付と基準日との差計算
※「本日日付」-「基準日」

条件式：変数「日付差分」＜値⇒0

❸ 本日日付を取得

■ 図10.50 日付による分岐_手順③

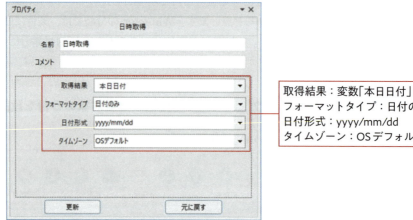

取得結果：変数「本日日付」
フォーマットタイプ：日付のみ
日付形式：yyyy/mm/dd
タイムゾーン：OSデフォルト

ノード – 変数 – 日付取得

❹ 基準日と本日日付の差分計算

■ 図10.51 日付による分岐_手順④

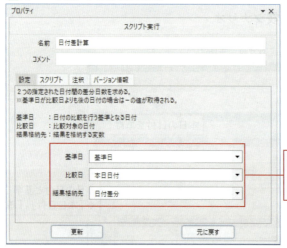

基準日：変数「基準日」
比較日：変数「本日日付」
結果格納先：変数「日付差分」

ライブラリ – 08_日付関連 – 日付差計算

❺ 日付差分による分岐

■ 図10.52 日付による分岐 _ 手順⑤

ノード – フロー – 分岐

❻ 分岐のフロー確認

■ 図10.53 日付による分岐 _ 手順⑥

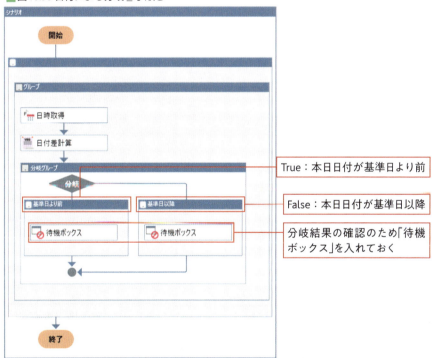

> **NOTE　日付を書式変更して条件判定**
>
> 　日付が単純に基準日の前後か判定する場合は、日付（書式：yyyy/mm/dd）を8桁の数値（yyyymmdd）に変換することで判定可能です。しかし一度数値に変換してしまうと日付計算などができなくなるので注意が必要です。

10-7 テキストから項目の値の取り出し

メールやExcelから取得した文字列に項目名とその値があった場合、その値を取り出すにはライブラリ「括弧書きの内側を取り出す」を使うことで処理できます。

🟩 図10.54 テキストから項目の値の取り出し

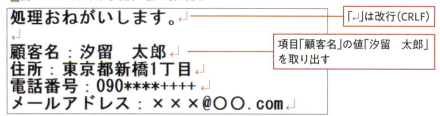

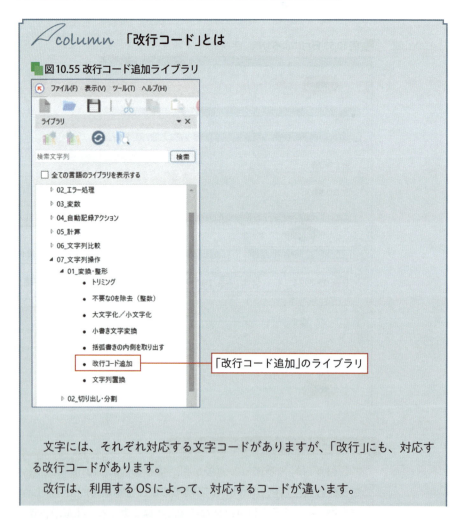

🟩 図10.55 改行コード追加ライブラリ

column 「改行コード」とは

文字には、それぞれ対応する文字コードがありますが、「改行」にも、対応する改行コードがあります。
改行は、利用するOSによって、対応するコードが違います。

種類	読み方	利用するOS	エディタでの表示
CR	キャリッジリターン	Macintosh系OS	←
LF	ラインフィード	UNIX・Linux系OS	↓
CRLF	キャリッジリターン/ラインフィード	Windows系OS	↵

改行の種類の確認方法

エディタ(データの入力や編集を行うソフト)にデータを貼り付けることにより確認できます。

図10.56 改行の種類

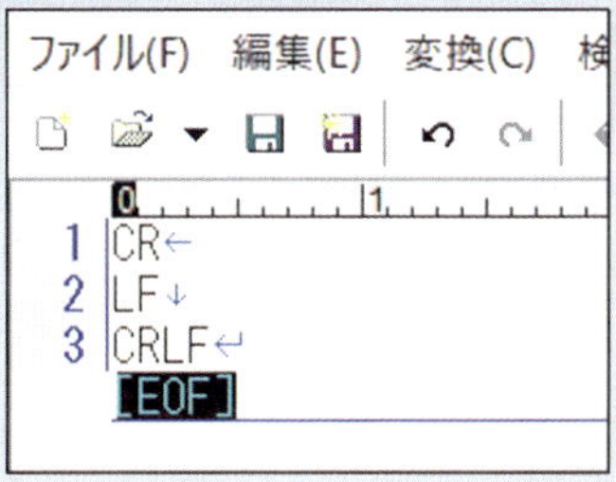

```
ファイル(F)  編集(E)  変換(C)  検
 ◻ ☞ ▾  ◻ ◻  ↶  ↷  ◁
        0 ‥‥‥‥‥ 1
    1  CR←
    2  LF↓
    3  CRLF↵
      [EOF]
```

10-7-1 テキストから項目の値の取り出し方法①

対象となる文字列の中の項目数と項目の順番が固定の場合は、以下の方法で項目の値を取り出すことができます。

- ライブラリ「拮弧書きの内側を取り出す」を使って「顧客名」から「電話番号」までの値を取り出す
- 取り出した「顧客名」から「電話番号」の値の改行をライブラリ「トリミング(改行除去)」で削除する
- 「メールアドレス」はライブラリ「文字列を前後に分割」で取り出す

第10章 押さえておきたい便利な機能

❶ 取り出す値を格納する変数を作成する

■ 図10.57 テキストから項目の値の取り出し方法① _ 手順①

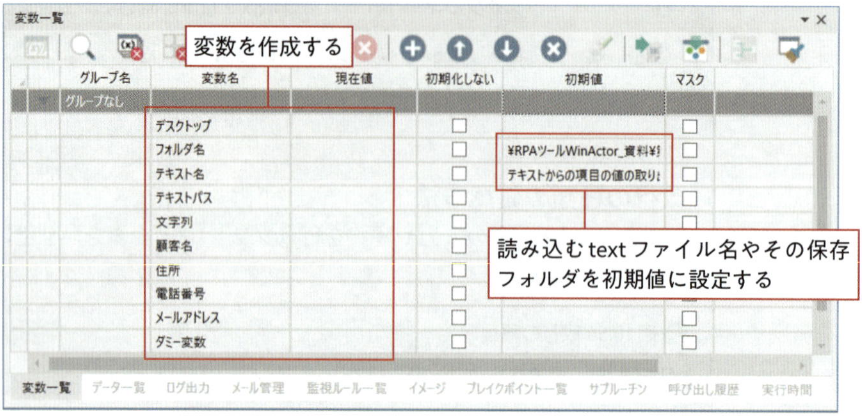

❷ 作成するシナリオ

📗 図10.58 テキストから項目の値の取り出し方法① _ 手順②

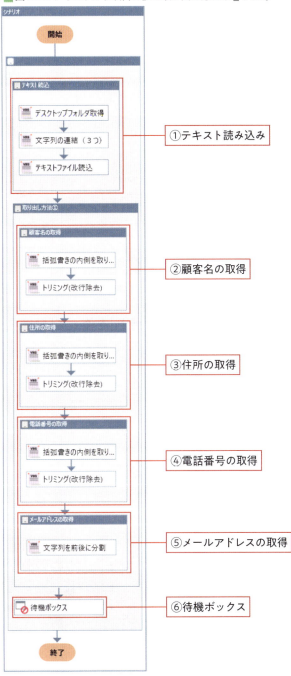

第10章 押さえておきたい便利な機能

❸ テキストファイルの文字列を変数に格納する

■ 図10.59 テキストから項目の値の取り出し方法① _ 手順③

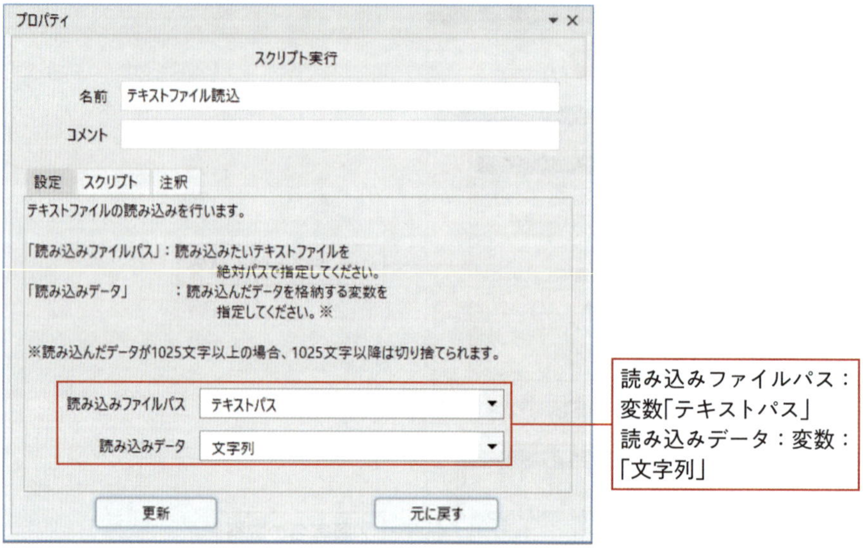

ライブラリ - 13_ファイル関連 - 01_テキストファイル操作 - テキストファイル読込

❹ ライブラリ「括弧書きの内側を取り出す」を使って「顧客名」の値を取り出す

■ 図10.60 テキストから項目の値の取り出し方法① _ 手順④

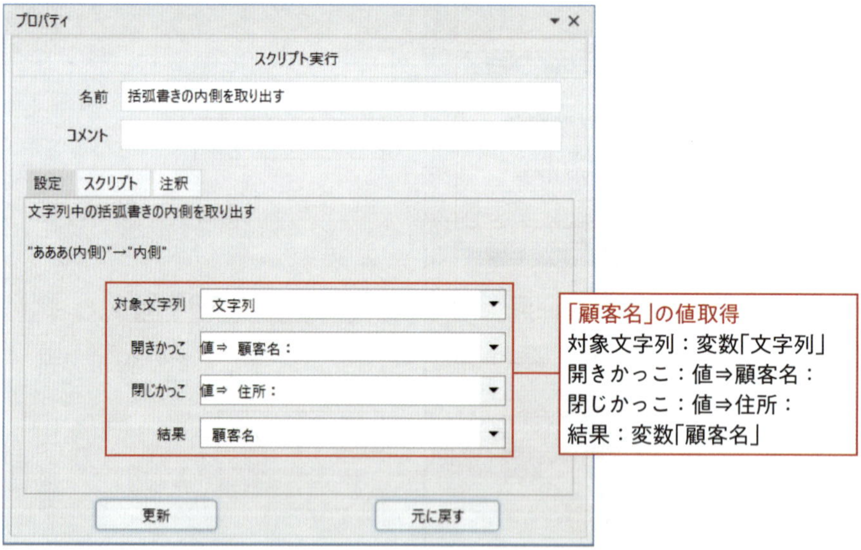

ライブラリ − 07_文字列操作 − 01_変換・整形 - 括弧書きの内側を取り出す

❺ 取り出した「顧客名」の値の改行をライブラリ「トリミング(改行除去)」で削除する

図10.61 テキストから項目の値の取り出し方法① _ 手順⑤

ライブラリ – 07_文字列操作 – 01_変換・整形 - トリミング(改行除去)

❻ 同様に「住所」「電話番号」も作成する

❼ 「メールアドレス」はライブラリ「文字列を前後に分割」で取り出す

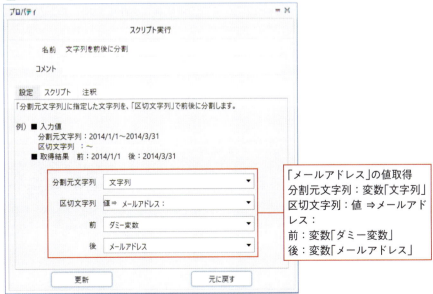

図10.62 テキストから項目の値の取り出し方法① _ 手順⑦

ライブラリ – 07_文字列操作 – 02_切り出し・分割 - 文字列を前後に分割

❽ シナリオを実行する

❾ 待機ボックスで一時停止中の変数一覧

■ 図10.63 テキストから項目の値の取り出し方法① _ 手順❾

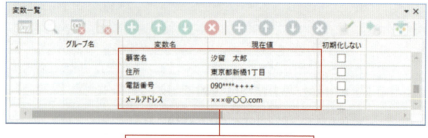

テキストから文字列が取得できている

10-7-2 テキストから項目の値の取り出し方法②

対象となる文字列の中の項目数と項目の順番が固定でない場合は、閉じかっこの文字列が特定できないので改行コード(CRLF)を利用します。

- ライブラリ「改行コード追加」で文字列の最後に「CRLF」を追加する
- ライブラリ「括弧書きの内側を取り出す」を使って値を取り出す
  (開きかっこ：「顧客名：」、閉じかっこ：「CRLF」)

❶ 作成するシナリオ

■ 図10.64 テキストから項目の値の取り出し方法② _ 手順①

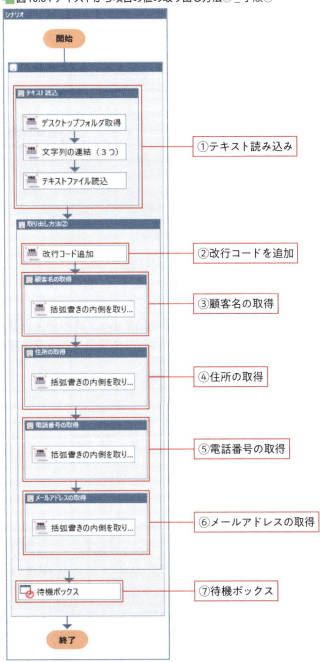

❷ ライブラリ「改行コード追加」で文字列の最後に「CRLF」を追加する

図10.65 テキストから項目の値の取り出し方法② _ 手順②

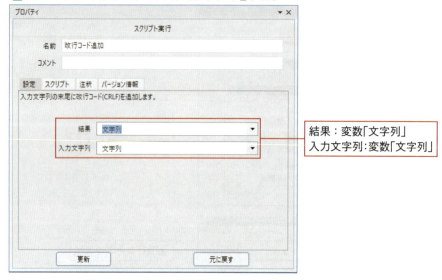

結果：変数「文字列」
入力文字列：変数「文字列」

ライブラリ - 07_文字列操作 - 01_変換・整形 - 改行コード追加

❸ ライブラリ「括弧書きの内側を取り出す」のプロパティ画面で「閉じかっこ」以外の項目を設定し、「スクリプト」タブをクリックする

図10.66 テキストから項目の値の取り出し方法② _ 手順③

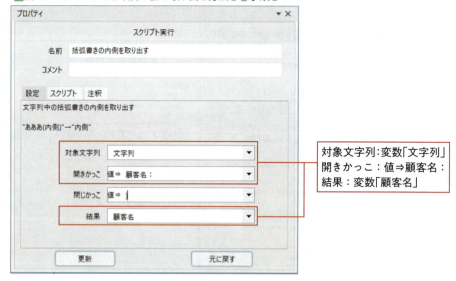

対象文字列：変数「文字列」
開きかっこ：値⇒顧客名：
結果：変数「顧客名」

ライブラリ − 07_文字列操作 − 01_変換・成形 − 括弧書きの内側を取り出す

❹ コード「Close＝!閉じかっこ!」の「!閉じかっこ!」を「vbCrLf」へ変更する

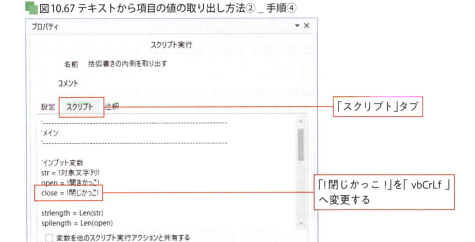

図10.67 テキストから項目の値の取り出し方法② _ 手順④

ライブラリ – 07_文字列操作 – 01_変換・成形 – 括弧書きの内側を取り出す

❺「設定」タブに戻って「閉じかっこ」項目の設定項目が消えていることを確認する

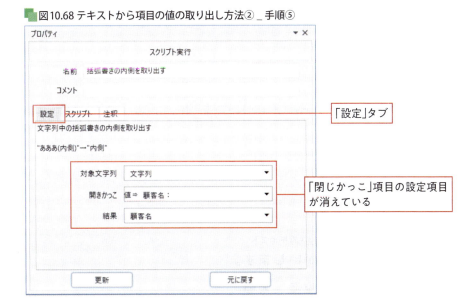

図10.68 テキストから項目の値の取り出し方法② _ 手順⑤

第10章 押さえておきたい便利な機能

❻ 同様に「住所」「電話番号」「メールアドレス」も作成する

❼ シナリオを実行する

❽ 待機ボックスで一時停止中の変数一覧

図10.69 テキストから項目の値の取り出し方法② ＿ 手順❽

グループ名	変数名	現在値	初期化しない
	顧客名	汐留　太郎	☐
	住所	東京都新橋1丁目	☐
	電話番号	090****++++	☐
	メールアドレス	×××@○○.com	☐

テキストから文字列が取得できている

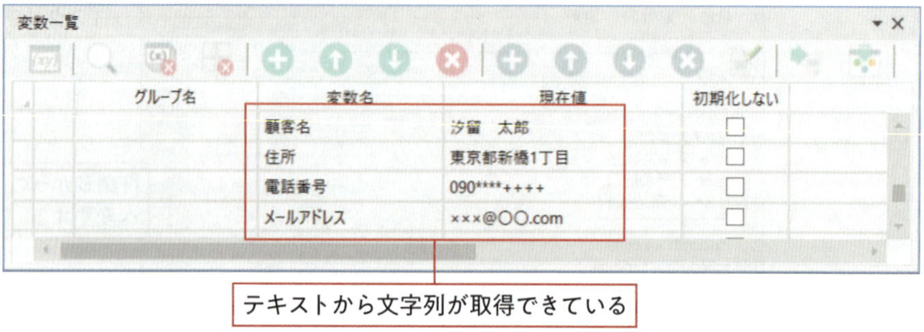

10-8 WinActor ノート

　WinActor ノートは、WinActor 付属のテキスト編集ツールです。フリーテキスト（特にフォーマットを定めない非定型のテキスト）を取り込み、行ごとにブロックと呼ばれる塊に分割します。そのブロックを検索、取得、編集することで、フリーテキストより特定の文字を抽出することが可能です。

　ここではWinActorノートを使って「10-9 テキストから項目の値の取り出し」と同じ作業を行うシナリオを紹介します。

10-8-1 WinActorノートの起動方法と操作方法

　ここでは以下のテストファイルをWinActorノートに入力します。その中から「顧客名：」を含む部分を選択し、クリップボードへコピーします。WinActorノートがシナリオで使われる場合、WinActorノートは自動的に起動されますが、今回は事前に手動でWinActorノートを起動しています。

図10.70 読み込みテキスト

処理おねがいします。

顧客名：汐留　太郎
住所：東京都新橋1丁目
電話番号：090*****××××
メールアドレス：×××＠○○.com

10-8　WinActor ノート

❶「メイン画面」の「ツール」タブをクリックしメニューから「WinActor ノート」を選択

■ 図 10.71 WinActor ノートの起動

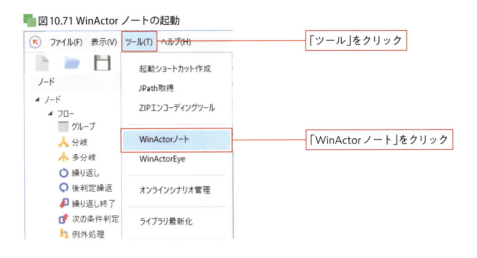

■ 図 10.72 WinActor ノートの画面

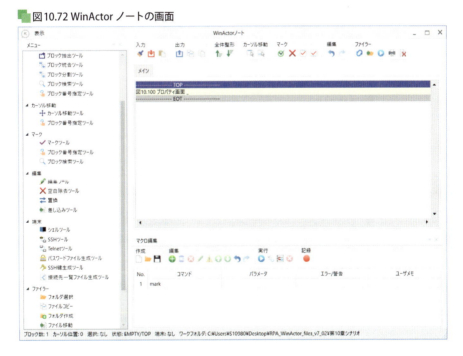

257

第10章 押さえておきたい便利な機能

❷「入力ツール」をクリック

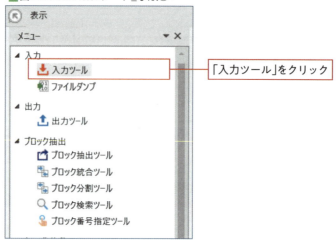

図10.73 WinActor ノート_手順②

❸ 各項目を設定し「実行」ボタンをクリック

　文字コードセットは読み込むテキストファイルで設定した文字コードを選択してください。

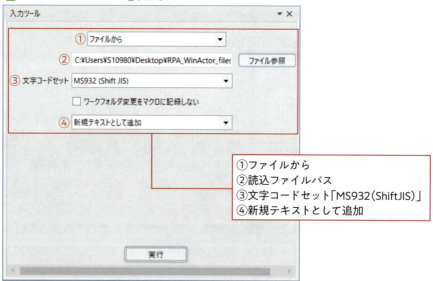

図10.74 WinActor ノート_手順③

①ファイルから
②読込ファイルパス
③文字コードセット「MS932（ShiftJIS）」
④新規テキストとして追加

❹ WinActorノートにテキストが入力された状態、行ごとにブロックとして色分けされている

図10.75 WinActorノート_手順❹

❺ 「ブロック検索ツール」をクリック

図10.76 WinActorノート_手順❺

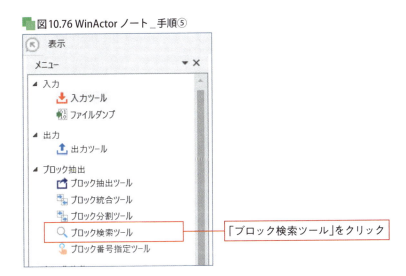

❻「キーワード」に「顧客名：」を入力、「を含む」「前方検索（カーソル移動）」を選択し「実行」ボタンをクリック

图10.77 WinActor ノート_手順❻

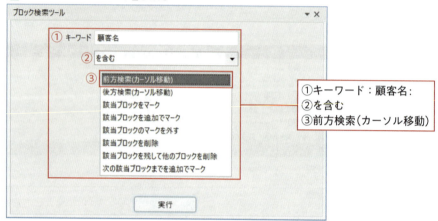

> **NOTE　WinActor ノートでの正規表現**
>
> 　WinActor ノートでは以下のツールで正規表現を利用して、より効率的にブロックを検索・処理することが可能です。
>
> ・ブロック統合ツール
> ・ブロック分割ツール
> ・ブロック検索ツール
>
> 詳細は「付録」の「正規表現」を参照してください。

❼ **検索されたブロックが青色となり選択状態となっている**

図10.78 WinActorノート_手順⑦

❽ **「選択されているブロックをコピー」をクリック**
クリップボードに入っていることをメモアプリなどに貼り付けて確認してください。

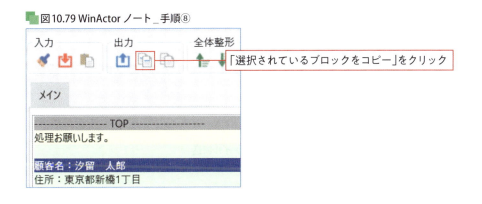
図10.79 WinActorノート_手順⑧

10-8-2 WinActorノートを使ってシナリオ作成

ここでは前項のWinActorノートの動作をシナリオで作成します。

第10章 押さえておきたい便利な機能

■ 図10.80 シナリオ完成図

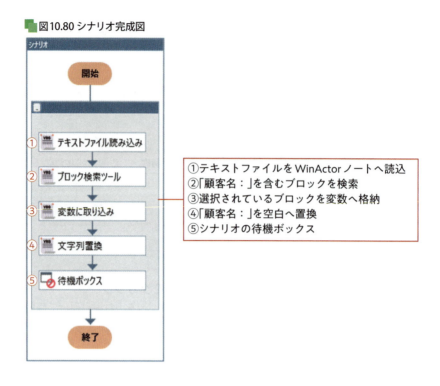

①テキストファイルをWinActorノートへ読込
②「顧客名：」を含むブロックを検索
③選択されているブロックを変数へ格納
④「顧客名：」を空白へ置換
⑤シナリオの待機ボックス

❶ ライブラリ「テキストファイル読み込み」のプロパティ設定

文字コードは読み込むテキストファイルで設定した文字コードを選択してください。

■ 図10.81 シナリオ作成①_ファイル読込

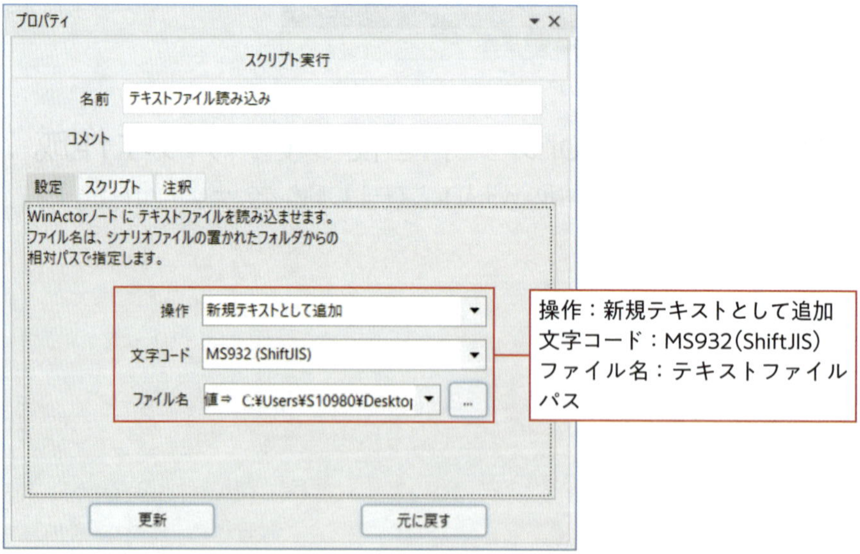

操作：新規テキストとして追加
文字コード：MS932(ShiftJIS)
ファイル名：テキストファイルパス

ライブラリ - 25_WinActorノート - テキストファイル読み込み

262

❷ ライブラリ「ブロック検索ツール」のプロパティ設定

■ 図10.82 シナリオ作成②＿ブロック検索

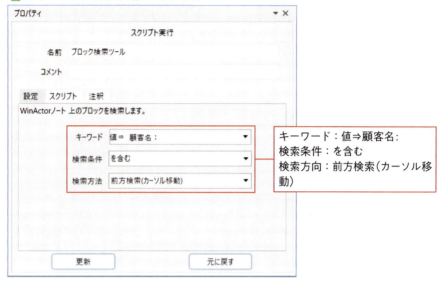

ライブラリ - 25_WinActorノート – ブロック検索ツール

❸ ライブラリ「変数に取り込み」のプロパティ設定

■ 図10.83 シナリオ作成③＿変数に取り込み

ライブラリ - 25_WinActorノート - 変数に取り込み

第10章 押さえておきたい便利な機能

❹ ライブラリ「文字列置換」のプロパティ設定

■ 図10.84 シナリオ作成④ _ 文字列置換

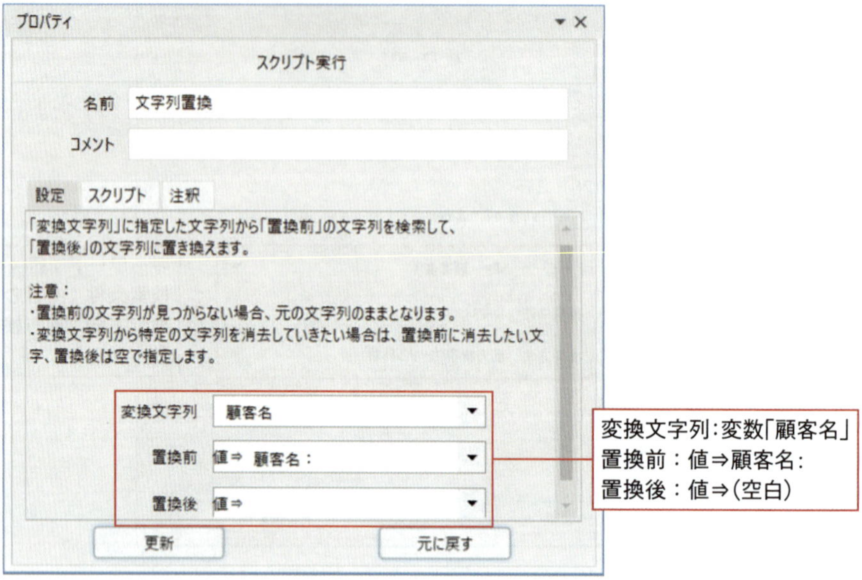

ライブラリ - 07_ 文字列操作 - 01_ 変換・整形 - 文字列置換

❺ シナリオの最後にノード「待機ボックス」を設置し「実行」ボタンをクリック

■ 図10.85 シナリオ作成⑥ _ 実行結果

※シナリオを実行しても「WinActorノート」は起動されないが正しく値が取得できている

> **NOTE　WinActorノートのマクロ機能**
>
> WinActorノートはWinActorのライブラリから処理を実行することも可能ですが、処理が複雑になる場合はWinActorノートのマクロに記録し、WinActorからそのマクロファイルを読み込みして実行することも可能です。

> ・WinActorノートのマクロ編集画面より「記録」をクリックする
> ・マクロに記録する処理をWinActorノートにて行う
> ・マクロ編集画面より「記録」をクリックして記録を停止する
> ・マクロ編集画面の「保存」を選択しJSONファイルを保存する
> ・WinActorのライブラリ「マクロ読込み実行」で保存したJSONファイル
> 　を設定する

10-9 スクリプト実行

　WinActorでは、プログラム言語「VBScript」で作成したスクリプトをノード「スクリプト実行」の中に記述することにより、独自のノードを作成することができます。ここではノード「スクリプト実行」の使い方とノードの中で利用できる独自関数を紹介します。

10-9-1 ノード「スクリプト実行」のプロパティ画面説明

❶ プロパティ画面（設定）
　通常のノードのプロパティ画面です。最初は「設定」タブには何もありませんが、「スクリプト」タブや「注釈」に記載することにより説明やパラメータが表示されます。

🟩 図10.86 プロパティ画面 _ 設定

❷ **プロパティ画面（スクリプト）**

処理内容を記載する画面です。VBScriptやスクリプトパラメータ、独自関数などを記載します。

■図10.87 プロパティ画面＿スクリプト

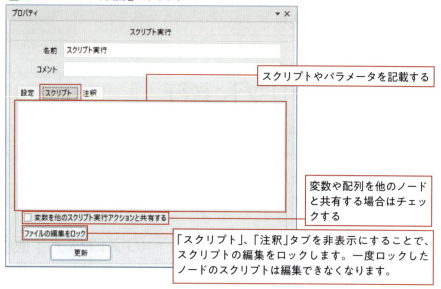

❸ **プロパティ画面（注釈）**

ライブラリの使い方などのコメントを記入できます。記載された文字列はプロパティ画面の「設定」タブに表示されます。ここでの入力は実行には一切影響しません。

■図10.88 プロパティ画面＿注釈

10-9-2 スクリプトパラメータ

プロパティ画面(スクリプト)にパラメータを記載することにより、プロパティ画面(設定)に設定項目を表示することができます。ここでは種類、記載方法について紹介します。

■ パラメータ

No	パラメータ	設定対象	プロパティ画面(設定)表示
1	!パラメータ名!	文字列・変数	パラメータ名 [変数名もしくは値を選択 ▼]
2	!パラメータ|項目1,項目2,項目3!	リストボックス	パラメータ 項目1 ▼ / 項目1 / 項目2 / 項目3
3	$パラメータ名$	変数	パラメータ名 [変数名を選択 ▼]
4	@パラメータ名@	ウィンドウ識別名	ウィンドウ識別名 ▼
5	!パラメータ名|FILE|!	ファイル	パラメータ名 値⇒ ▼ ...
6	!パラメータ名|FILE:EXCEL|!	Excelファイル	パラメータ名 値⇒ ▼ ...
7	!パラメータ名|FILE:ZIP|!	Zipファイル	パラメータ名 値⇒ ▼ ...
8	!パラメータ名|FILE:CSV|!	CSVファイル	パラメータ名 値⇒ ▼ ...
9	!パラメータ名|FILE:IMG|!	画像ファイル	パラメータ名 値⇒ ▼ ...

10-9-3 WinActor独自関数

WinActorに記載するスクリプトでは下記の関数を使って、WinActorの変数などにアクセスすることができます。

■ WinActor 独自関数

No	関数(引数)	戻り値	内容
1	GetUMSVariable(変数名)	文字列(変数値)	変数読み込み関数
2	SetUMSVariable(変数名,値)	文字列(設定した値)	変数書き込み関数

第10章 押さえておきたい便利な機能

3	GetUMSWindowTitle(ウィンドウ識別名)	文字列(ウィンドウタイトル)	ウィンドウタイトル取得関数
4	GetUMSWindowHandle(ウィンドウ識別名)	文字列(ウィンドウハンドル)	ウィンドウハンドル取得関数
5	ShowUMSHighlight(ウィンドウハンドル)	真偽値(成功時：true、失敗時：false)	指定ウィンドウ枠ハイライト表示関数

10-10 WinActorEye(ウィンアクターアイ)

WinActorEyeは従来の画像認識機能に加え、新たに、画像の位置、画像の形、画像の色など複数の探索条件を多段に組み合わせて、目的のアイコンやUIを特定できるツールです。本機能が保有するヒストグラム検索技術により、画面の拡大・縮小への対応が強化された他、スクリーンOCR機能を利用して画面上の文字をテキストに変換して読み取ることができるようになりました。これにより、画面を今までより正確に把握することができ、シナリオを変更することなくWebページやアプリケーションの予期せぬ画面変化に追従することが可能となります。

※ スクリーンOCR機能はMicrosoft OCRを利用します。

■ その他のマッチング機能との比較

機能	シナリオの作りやすさ	処理速度※1	マッチング精度※2
WinActorEye	△	△(1.7秒)	◎50％ 〜 200％※3
輪郭マッチング	○	○(0.8秒)	○75％ 〜 125％
画像マッチング	○	○(0.4秒)	△100％

※1 チュートリアルページの「登録」ボタンを左クリックするまでの時間です。処理速度はお使いの環境によって異なります。
※2 チュートリアルページの「登録」ボタンを対象として比較した結果です。WinActorEyeは「ヒストグラム探索」を使用してマッチングしています。
※3 50％の場合は座標位置の調整をすることでマッチングに成功しています。

出展：NTTアドバンステクノロジ株式会社 WinActor公式ページ WinActor Ver.6 機能紹介

このように画像マッチングと比較して、デスクトップのサイズの変化に強いことや、同じ画像が複数ある場合に意図した画像にマッチさせられるといった利点があります。それぞれの機能の特徴を把握して、目的に適した機能を選択することが重要です。

10-11 WinActor Brain Cloud Library

　WinActorにはよく使う機能が標準ライブラリとして同梱されており、ノードと組み合わせシナリオ作成を行うのが基本です。それだけでは実現できない処理や操作も、WinActor Brain Cloud Libraryと呼ばれるクラウド上で公開されているライブラリ集を活用することで、より効率的にシナリオの作成を行うことができる可能性があります。

利用手順

❶ **検索パレットを表示**

❷ **[…]をクリックして検索対象を選択するチェックボックスのリストを表示**

❸ **「Cloud Libraryを検索する」にチェックを入れる**

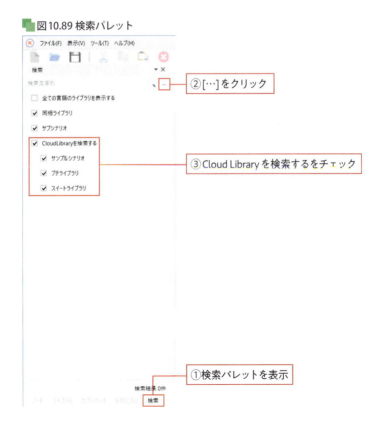

図10.89 検索パレット

第10章 押さえておきたい便利な機能

❹ 入力欄に検索したいキーワードを入力

❺ 虫眼鏡アイコンをクリック

❻ 検索結果を確認して、使用したいライブラリをダウンロード

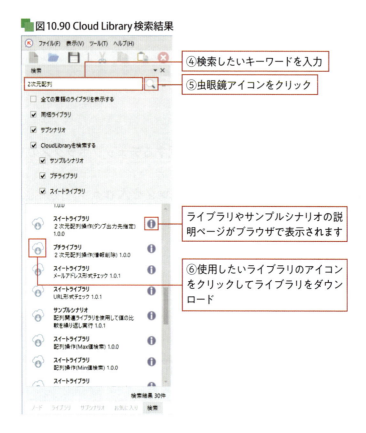

図 10.90 Cloud Library 検索結果

10-11 WinActor Brain Cloud Library

📕 図 10.91 Cloud Library の活用①

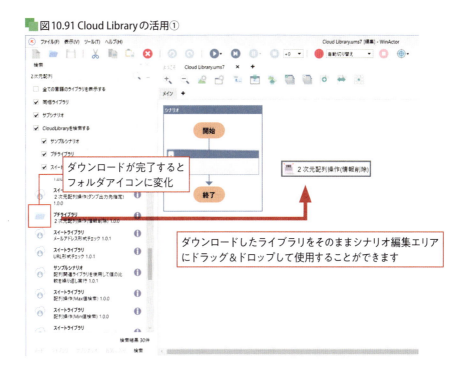

📕 図 10.92 Cloud Library の活用②

第10章 押さえておきたい便利な機能

10-12 OCRマッチング

OCRマッチングは、指定ウィンドウ内で指定した文字列の検索を行い、その文字列を起点とした操作を可能とするノードです。OCR マッチングは、画像マッチングや輪郭マッチングでは認識されない要素に対してクリックなどのマウス操作を行いたい場合や、あるタイミングでウィンドウ内の文字変化を検知したい場面などで使用します。

■ 10.93 プロパティ画面 - OCRマッチング

ノード – アクション –OCR マッチング

10-13 テーブルスクレイピングライブラリ

　Webページからの表情報の取得を簡単にするライブラリです。Webページにある表情報を取得する際、複数のページにまたがる場合もページ送りをしながら表情報を取得し、1つのCSVファイルとして出力することが可能です。

図10.94 テーブルスクレイピングライブラリ

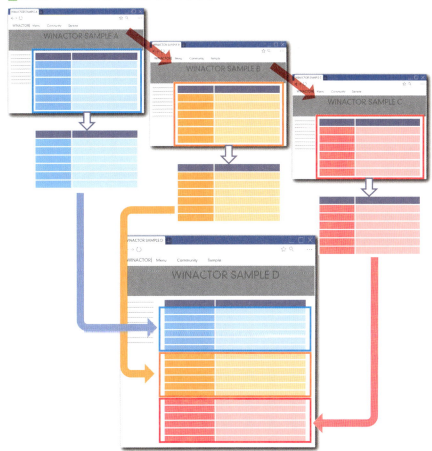

10-14 WinActor Storyboard

　これまでよりさらに「現場フレンドリー」なRPAを実現することを目的に提供される初心者向けエディタの機能です。従来のWinActorと比較してよりローコードでのシナリオの作成を可能とし、初心者がつまずきやすい変数を意識することなくシナリオを作成できるように作られています。また、シナリオ編集中、異常がある部品が赤く表示されるなど、エラー箇所をユーザにわかりやすく知らせる機能も搭載されています。

　WinActor Storyboardでは専用のシナリオファイル(wsb7)として作成されますが、保存する際にWinActorと同じシナリオファイル(ums7)を選択して保存することが可能です。

　WinActor Storyboardを起動するとメイン画面が開きます。

■ 図10.95 WinActor Storyboardメイン画面

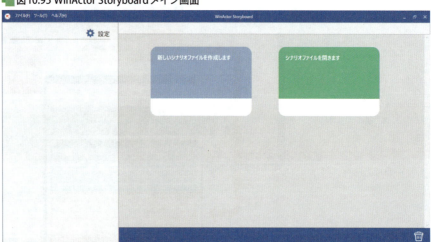

①新しいシナリオファイルを作成します：新しいシナリオを作成するメニュー
②シナリオファイルを開きます：既存のシナリオを開いて編集するメニュー

図10.96 WinActor Storyboard編集画面

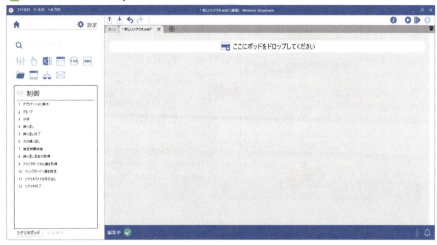

編集画面ではシナリオの新規作成及び編集が可能です。あらかじめ準備されている部品(シナリオポッド)をドラッグ＆ドロップすることでシナリオの作成・編集を行います。

分岐や繰り返しを行う部品、Excelやブラウザを操作する部品、文字列操作や四則演算を行う部品といった95種類の部品が提供されています。

10-15 WinActor Scenario Script

WinActor Scenario Scriptは、WinActor v7.1でリリースされたプログラマー向けの開発環境です。

VBスクリプトをベースとした新しい開発言語「WSS」を使用して、プログラム開発と同じ感覚で、任意のエディタを用いてテキストベースでシナリオの開発が可能です。

図10.97 WinActor Scenario Script

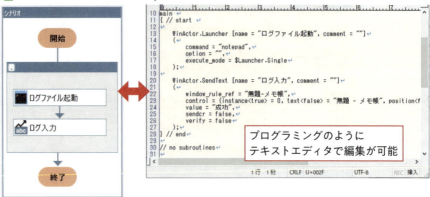

プログラミングのように
テキストエディタで編集が可能

作成したシナリオはフローチャートへの変換が可能です。画像マッチング等の処理は従来のフローチャートで開発することができます。

10-16 生成AI連携

　Ver.7.5.0より生成AI(OpenAI・Azure OpenAI)と連携してシナリオを作成する機能が追加されました。こちらでは追加された2つの機能について紹介します。使用できる生成AIはOpenAIまたはAzure OpenAIとなり、生成AI連携機能を使用するには事前にアカウントを作成しておく必要がありますのでご注意ください。

10-16-1 シナリオひな形作成機能

　生成AIを利用して、実施したい操作の内容を記載することでシナリオのひな形を作成する機能です。OpenAIを例に手順を紹介します。

10-16 生成 AI 連携

❶ オプション画面でAPIキー等の生成AIを利用するために必要な情報を設定

図10.98 ツールメニュー

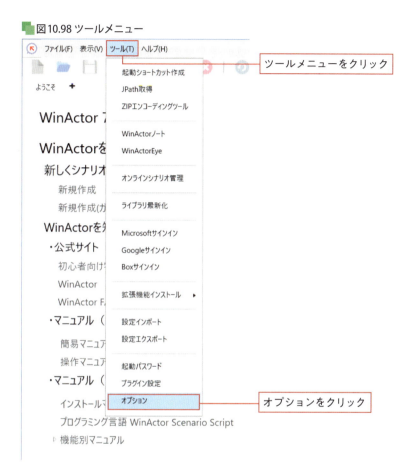

第10章 押さえておきたい便利な機能

▌図10.99 オプション画面 生成AIタブ

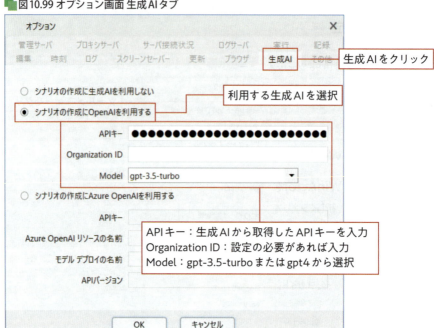

※今回は「gpt4」を選択

❷ 新規作成(生成AI利用)メニューから入力ウィンドウを立ち上げ

▌図10.100 シナリオ新規作成(生成AI利用)

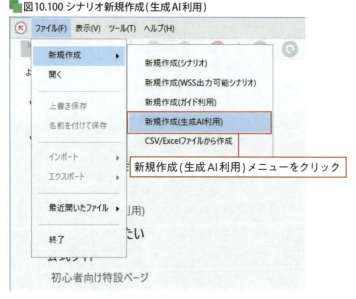

278

❸ **作成したい処理を入力してOKボタンをクリック**

入力例は第5章〜第7章で作成したシナリオ内容を元に実施したい処理を順番に記載したものとなります。

■ 図10.101 入力画面

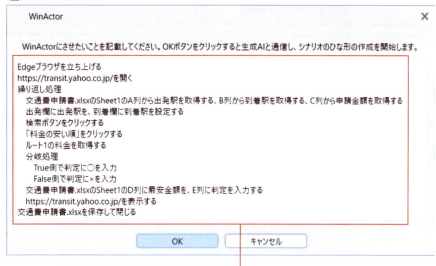

❹ **自動作成されたひな形シナリオを確認**

自動作成されたひな形に指示した文章を照らし合わせてみると次の図のようになります。

第10章 押さえておきたい便利な機能

■ 図10.102 シナリオひな形①

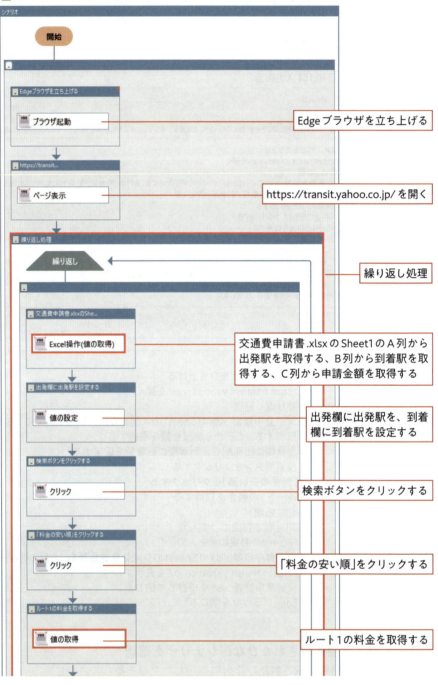

図10.103 シナリオひな形②

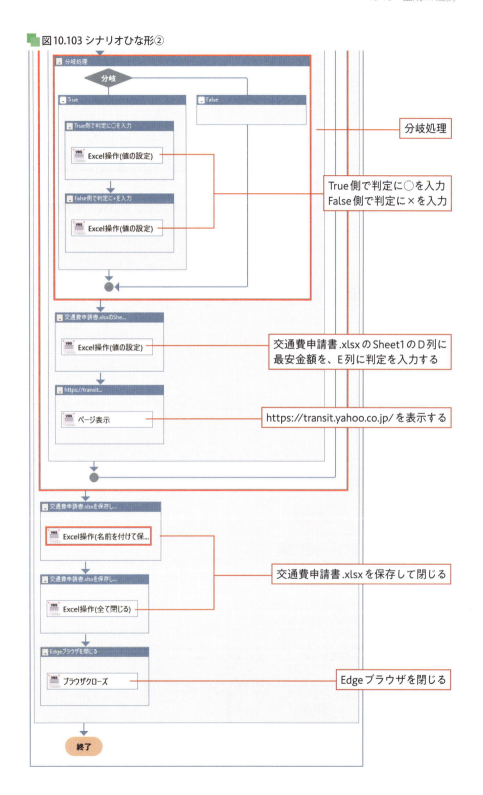

第10章 押さえておきたい便利な機能

❺ **処理したい内容に合わせて、ノード・ライブラリを追加で設置、プロパティも正しく設定**

生成AIを利用して作成されたひな形は必要なライブラリの設定が抜けていたり、設定されたノード・ライブラリのプロパティが未設定または適切でなかったりするため、処理したい内容に応じて追加でシナリオ作成します。

入力例で作成したひな形は図10.102 〜 103の通りでしたが、入力する内容の書き方次第では作成したい処理にひな形をより近づけることができると考えられます。操作したい処理に合わせてプロパティ設定や構成・配置を見直す必要がありますが、シナリオの大枠を作成してくれるため、こちらの機能を使用することでシナリオ作成の効率化を図ることが可能です。

10-16-2　生成AIからの応答利用

生成AIとの連携機能の2つめがOpenAIまたはAzure OpenAIからの応答をシナリオの中で使用できるサブシナリオです。このサブシナリオを使うことで生成AIに入力する文章作成から応答結果の利用までWinActor内で処理をすることができます。

インプットボックスに生成AIへの命令文・質問文(プロンプト)を、入力して、生成AIが処理した結果をダイアログ表示させるシナリオを例にご紹介します。

図10.104 シナリオイメージ

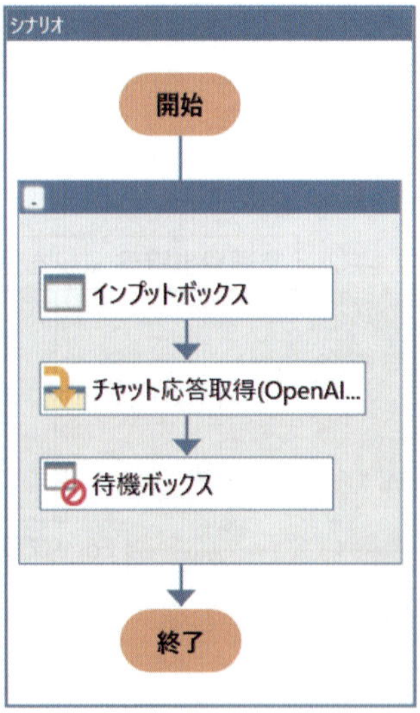

❶ 変数一覧画面で変数を作成

図10.105 変数一覧画面

作成する変数

No	変数名
1	メッセージ
2	APIキー
3	チャット応答
4	応答ステータス
5	応答ヘッダ
6	応答ボディ
7	エラーメッセージ

❷ ノードパレットから「インプットボックス」をシナリオに配置してプロパティを設定

図10.106 プロパティ画面 – インプットボックス

第10章 押さえておきたい便利な機能

❸ **サブシナリオパレットから「チャット応答取得(OpenAI)」をシナリオに配置してプロパティを設定**

　チャット応答取得(OpenAI)の各設定項目の詳細はWinActorに同梱されている『サブシナリオサンプル説明書』を参照してください。

■ 図10.107 サブシナリオパレット

■ 図10.108 プロパティ画面 – チャット応答取得(OpenAI)-①

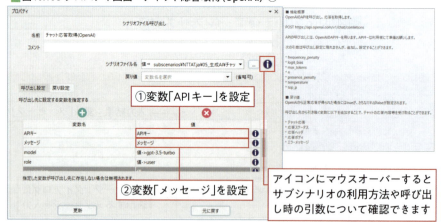

10-16　生成AI連携

■ 図10.109 プロパティ画面 – チャット応答取得(OpenAI)-②

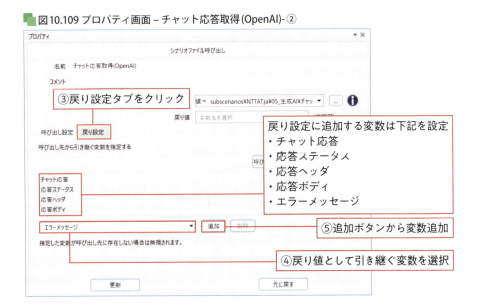

❹ ノードパレットから「待機ボックス」をシナリオに配置してプロパティを設定

■ 図10.110 プロパティ画面 – 待機ボックス

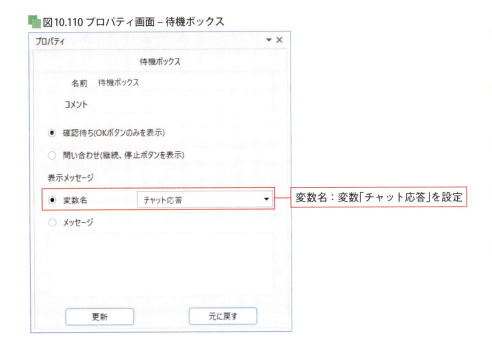

285

❺ シナリオ実行

シナリオ実行して、インプットボックスに命令文を入力します。今回はサンプルとして「WinActorで便利な機能を5つ箇条書きで挙げてください。」と入力します。

🟩 **図10.111 インプットボックスへ入力**

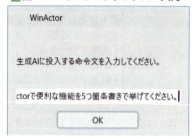

❻ 実行結果確認

OpenAIからの応答結果が確認できます。

🟩 **図10.112 チャット応答結果**

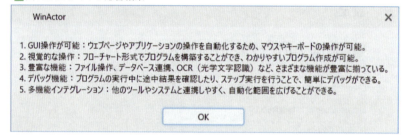

> **NOTE**
> 待機ボックスで止まっている状態で変数一覧画面を確認すると、変数「チャット応答」以外に戻り設定した変数の値もあわせて確認できます。

10-17 シナリオ作成ガイド

これまでの章でシナリオ作成について解説しましたが、WinActor初心者にも簡単にシナリオ作成ができるように、ガイドに従って設定を進めるだけでシナリオを作成できる「シナリオ作成ガイド」という機能がVer7.5.0以降のバージョンで使用できます。この機能を通じてシナリオ作成できる範囲は一部となりますが、Excelからの情報取得や書き込み、ブラウザからの情報取得、ブラウザへの情報設定等よく処理する操作のシナリオを作成することができます。こちらでは簡単なシナリオ作成を通じて利用方法をご紹介します。

10-17-1 シナリオ内容

これまでの章でも使用したYahoo!路線情報ページを使って対象社員の通勤経路の乗車運賃を確認します。運賃検索ファイルに記載された乗車区間の最安運賃を検索し、最安運賃を取得します。最安運賃の情報を運賃検索ファイルに入力します。

❶ 運賃検索ファイルから検索する運賃区間(最寄駅・到着駅)を取得

❷ Yahoo!路線情報ページ(https://transit.yahoo.co.jp/)で対象区間を検索して最安運賃を取得

❸ 運賃検索ファイルに最安運賃を入力

❹ データ数分❶～❸を繰り返す

図10.113 運賃検索ファイル

	A	B	C	D
1	社員番号	最寄駅	到着駅	最安運賃
2	1000	新宿	新橋	
3	1001	川崎	新橋	
4	1002	船橋	新橋	
5	1003	大宮	新橋	
6	1004	上野	新橋	

10-17-2　シナリオ作成

シナリオ作成ガイドを利用してシナリオを作成します。

❶「ファイル」メニューから「新規作成(ガイド利用)」を選択

■ 図10.114 新規作成(ガイド利用)

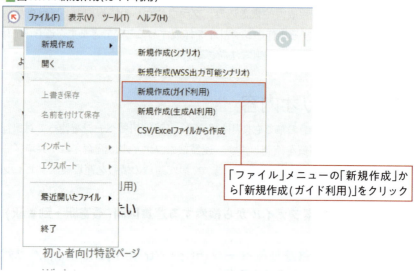

「ファイル」メニューの「新規作成」から「新規作成(ガイド利用)」をクリック

■ 図10.115 シナリオ作成ガイド画面

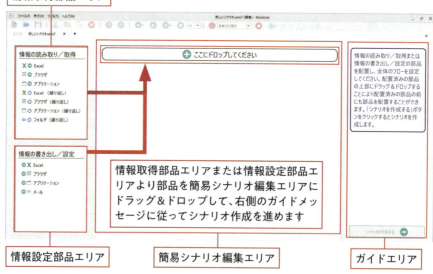

情報取得部品エリア

情報設定部品エリア

情報取得部品エリアまたは情報設定部品エリアより部品を簡易シナリオ編集エリアにドラッグ＆ドロップして、右側のガイドメッセージに従ってシナリオ作成を進めます

簡易シナリオ編集エリア

ガイドエリア

10-17 シナリオ作成ガイド

❷ **情報取得部品エリアから「Excel（繰り返し）」を簡易シナリオ編集エリアへドラッグ＆ドロップし、ガイドに従って詳細設定**
　　ガイドエリアに表示される説明に従って設定を進めていきます。

■図10.116 Excel(繰り返し)を設置

■図10.117 Excel(繰り返し)詳細設定①

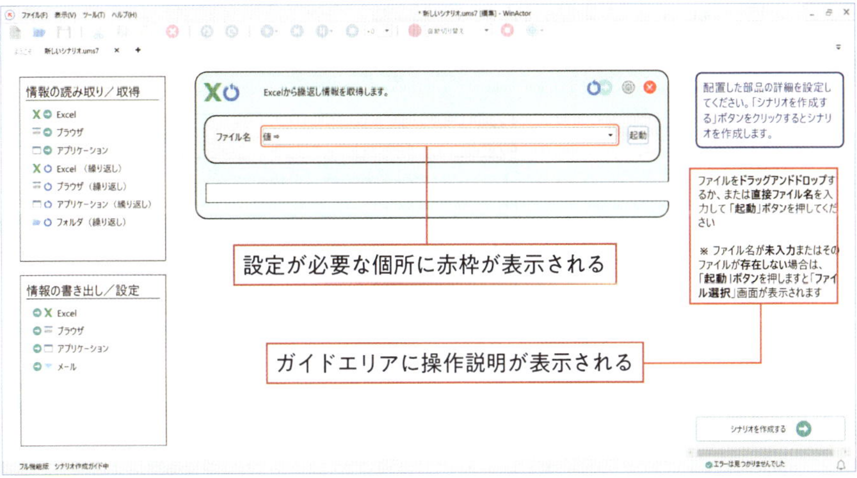

第10章 押さえておきたい便利な機能

　　ファイルパスを入力して起動ボタンをクリックするとファイルパスを設定した
ファイルが開きます。

📗 図10.118 Excel(繰り返し)詳細設定②

次にアクティブなシートを選択します。

📗 図10.119 Excel(繰り返し)詳細設定③

10-17 シナリオ作成ガイド

「運賃検索」ファイルから最寄駅と到着駅のデータを繰り返し読み取りするため、読み取り範囲を指定します。

ヘッダーを含めて選択することでヘッダーの値を変数名として登録します。ターゲット選択ボタンをクリックして「運賃検索」ファイルのヘッダー（最寄駅：B1セル）から到着駅の最後のデータ（C6セル）まで選択します。

■ 図10.120 Excel（繰り返し）詳細設定④

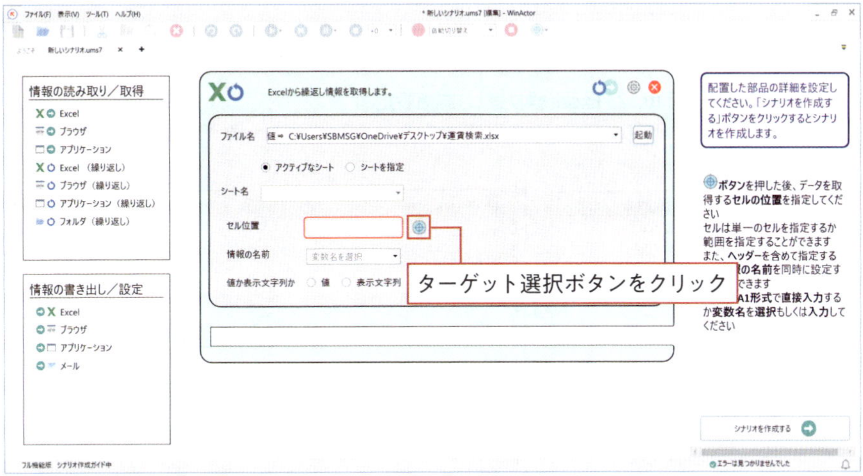

選択すると範囲確認のダイアログが出現するので「はい」を選択し、さらにヘッダーの確認ダイアログが出現したら「最も上部の行がヘッダー」を選択して「OK」をクリックします。

■ 図10.121 Excel（繰り返し）詳細設定⑤

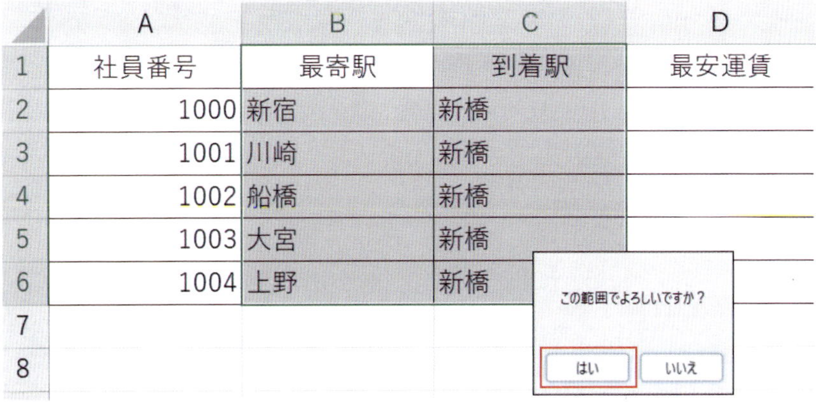

291

第10章 押さえておきたい便利な機能

■図10.122 Excel(繰り返し)詳細設定⑥

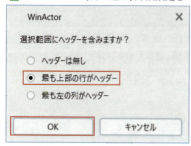

■図10.123 Excel(繰り返し)詳細設定⑦

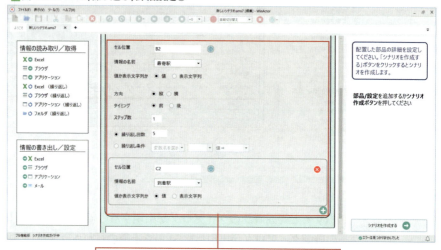

「セル位置」以降が自動設定されるため、ここまでで「運賃検索」ファイルからの情報取得設定が完了

❸ **情報設定部品エリアから「ブラウザ」を簡易シナリオ編集エリアへドラッグ＆ドロップし、ガイドに従って詳細設定**

「ブラウザ」は繰り返しの中の処理として使用するため、「Excel（繰り返し）」部品の中にドロップします。

図10.124 情報設定部品のブラウザを設置

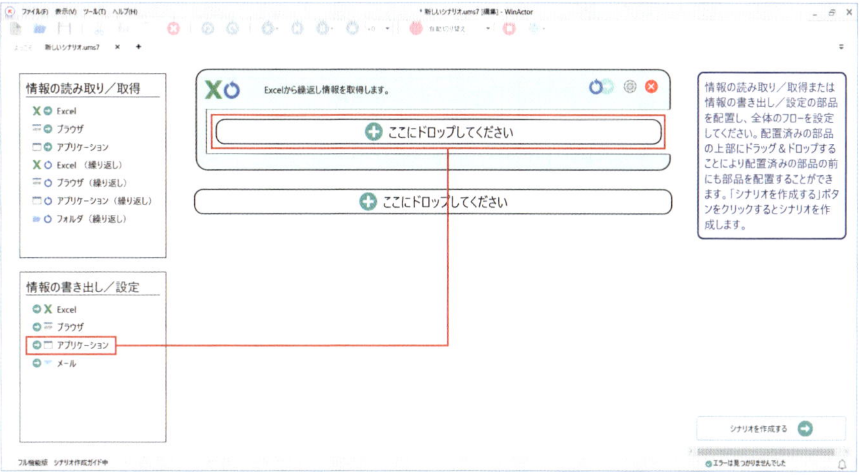

URL（https://transit.yahoo.co.jp/）を入力して「起動」をクリックするとYahoo!路線情報ページが開きます。

図10.125 ブラウザ詳細設定①

第10章 押さえておきたい便利な機能

　ターゲット選択ボタンをクリックすると、Yahoo!路線情報ページに遷移します。マウスオーバーする場所がハイライトされるので、「出発」の入力欄でクリックします。

■図10.126 ブラウザ詳細設定②

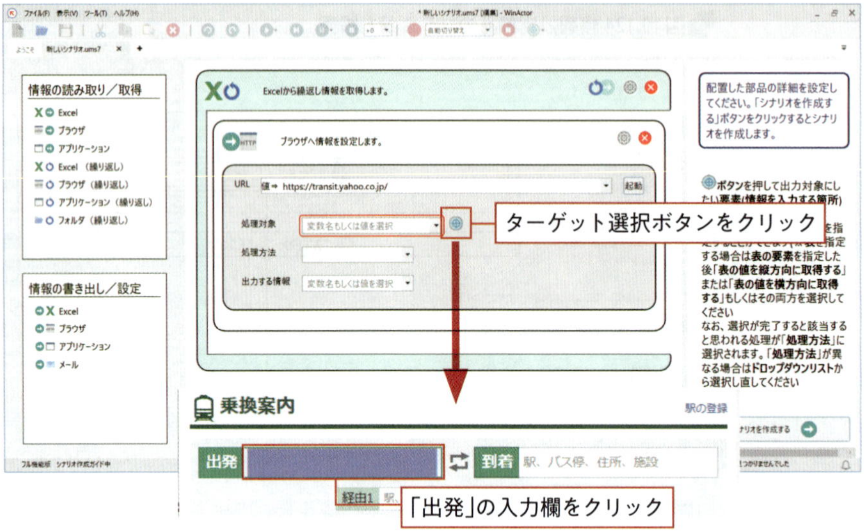

　出力する情報には変数「最寄駅」を選択します。続いて到着駅情報を設定するために「+」ボタンをクリックして操作を追加します。

■図10.127 ブラウザ詳細設定③

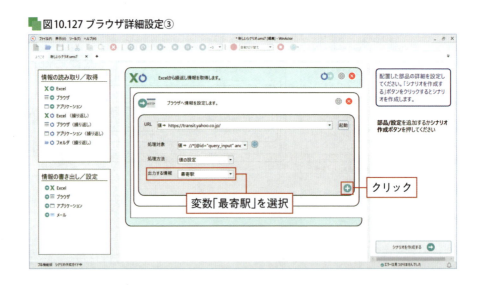

294

ターゲット選択ボタンをクリックして、Yahoo!路線情報ページの「到着」の入力欄をクリックします。

図10.128 ブラウザ詳細設定④

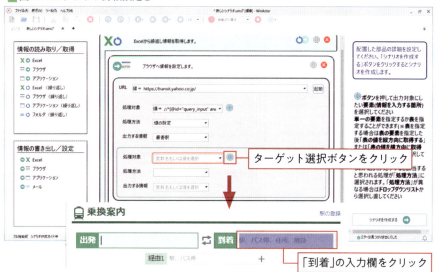

出力する情報には変数「到着駅」を選択します。続いてYahoo!路線情報ページの「検索」ボタンをクリックするために、「+」ボタンをクリックして操作を追加します。

図10.129 ブラウザ詳細設定⑤

ターゲット選択ボタンをクリックして、Yahoo!路線情報ページの「検索」ボタンをクリックします。

■ 図10.130 ブラウザ詳細設定⑥

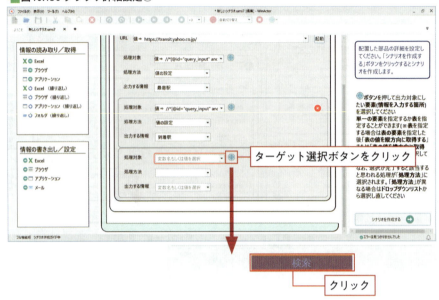

クリックすると設定が完了します。

■ 図10.131 ブラウザ詳細設定⑦

❹ **情報設定部品エリアから「ブラウザ」を簡易シナリオ編集エリアへドラッグ＆ドロップし、ガイドに従って詳細設定**

　検索ボタンクリック後にページが遷移した先の「料金の安い順」をクリックするために、情報設定部品エリアから「ブラウザ」を設置します。

図10.132 情報設定部品のブラウザを設置

　「起動」をクリックして、Yahoo!路線情報ページを開きます。出発欄と到着欄に任意の駅を入力(例：出発駅「新宿」、到着駅「新橋」を入力)後に「検索」ボタンをクリックして、検索結果のページに遷移しておきます。

図10.133 ブラウザ詳細設定①

第10章 押さえておきたい便利な機能

WinActorに戻ってターゲット選択ボタンをクリックします。Yahoo!路線情報ページの「料金の安い順」部分をクリックします。

■図10.134 ブラウザ詳細設定②

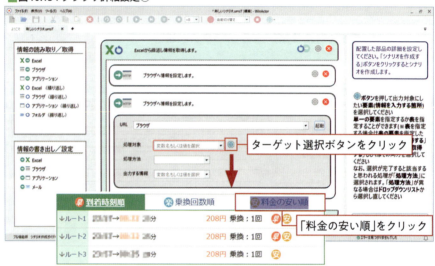

処理方法で「クリック」を選択します。

■図10.135 ブラウザ詳細設定③

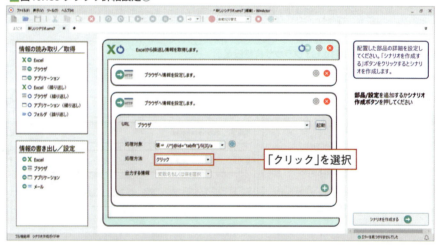

❺ **情報取得部品エリアから「ブラウザ」を簡易シナリオ編集エリアへド
ラッグ＆ドロップし、ガイドに従って詳細設定**

ルート1の運賃を取得するため、情報取得部品エリアから「ブラウザ」を設置します。

図10.136 情報取得部品のブラウザを設置

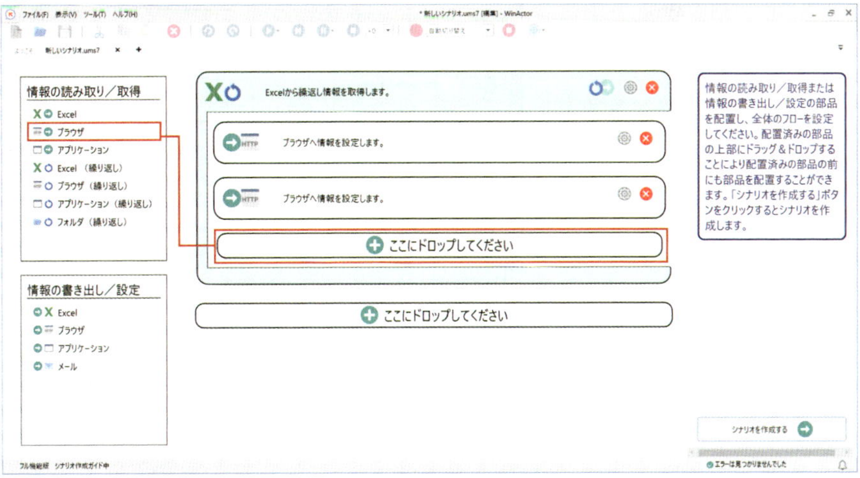

「起動」をクリックして、Yahoo!路線情報ページの「料金の安い順」を手動でクリックしておきます。

図10.137 ブラウザ詳細設定①

第10章 押さえておきたい便利な機能

　WinActorに戻ってターゲット選択ボタンをクリックしてYahoo!路線情報ページのルート1の運賃部分をクリックします。

■ 図10.138 ブラウザ詳細設定②

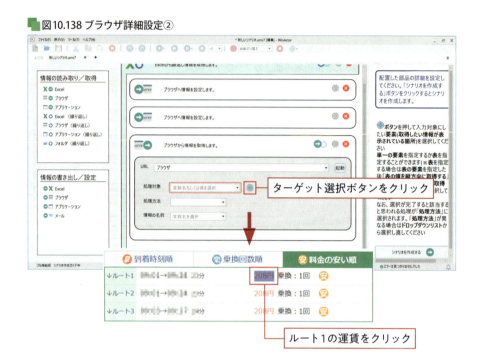

　情報の名前欄には「最安運賃」と入力して新しい変数を設定します。

■ 図10.139 ブラウザ詳細設定③

❻ **情報設定部品エリアから「Excel」を簡易シナリオ編集エリアへドラッグ&ドロップし、ガイドに従って詳細設定**

最安運賃を「運賃検索」ファイルに書き込むため、情報設定部品エリアの「Excel」を設置します。

📗 図10.140 情報設定部品のExcelを設置

ファイルパスを設定して起動ボタンをクリックします。

📗 図10.141 Excel詳細設定①

第10章 押さえておきたい便利な機能

　最安運賃を書き込み後は上書き保存するため「上書き保存」を選択し、シートは「アクティブなシート」を選択します。次にセル位置を設定するため、ターゲット選択ボタンをクリックします。

図10.142 Excel詳細設定②

　開いた「運賃検索」ファイルのD2セルを選択し、確認ダイアログで「OK」を選択します。

図10.143 Excel詳細設定③

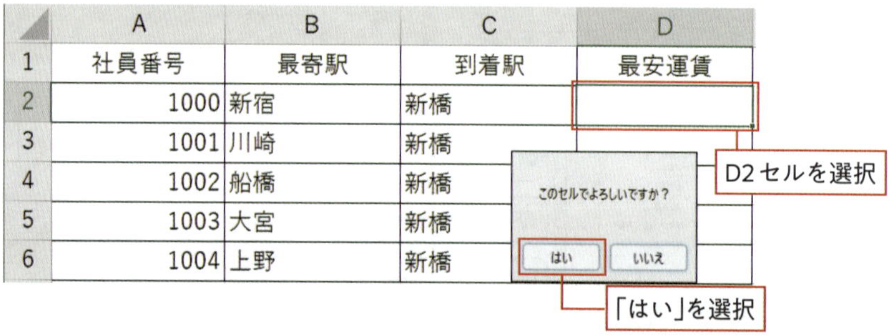

	A	B	C	D
1	社員番号	最寄駅	到着駅	最安運賃
2	1000	新宿	新橋	
3	1001	川崎	新橋	
4	1002	船橋	新橋	
5	1003	大宮	新橋	
6	1004	上野	新橋	

　出力する情報欄には変数「最安運賃」を選択します。部品設定が完了したので、「シナリオを作成する」ボタンをクリックしてシナリオを作成します。

図10.144 Excel詳細設定④

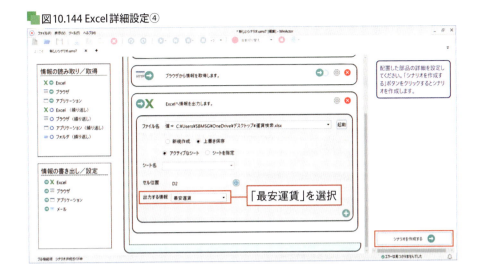

10-17-3 完成シナリオ

次の図が完成したシナリオです。実行するとYahoo!路線情報ページで検索した区間の最安運賃が繰り返し入力されます。ガイドを利用して作成したシナリオではファイルを閉じる処理やブラウザを閉じる処理等は作成されないため、必要に応じてノード・ライブラリを追加してください。

図10.145 完成シナリオ

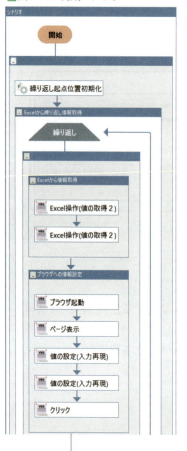

図10.146 シナリオ実行後「運賃検索」ファイル

	A	B	C	D
1	社員番号	最寄駅	到着駅	最安運賃
2	1000	新宿	新橋	208円
3	1001	川崎	新橋	318円
4	1002	船橋	新橋	439円
5	1003	大宮	新橋	571円
6	1004	上野	新橋	167円

第11章

総合演習

実業務のシナリオ作成を行う場合、様々なノード・ライブラリを利用します。これまで学んできたWinActorのテクニックを活かして、実用的なシナリオの作成に挑んでみましょう。

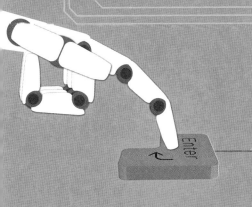

11-1 全体概要

11-1-1 課題とゴール

営業日確認、Excelのフィルタ、Chrome操作といった実務でよく使う処理を使用したシナリオを作成します。

具体的には、対象企業の月末株価をWebページ（SBMSファイナンス）にて取得し、ファイルに記載します。処理したデータのみを記載したファイルに処理当日の日付を追加して別名で保存します。

> **NOTE**
>
> SBMSファイナンス (https://ms-rpa.jp/stocks)は、本書の演習用に作成した株価取得サイトです。本章で取り扱うシナリオサンプルファイルはhttps://ms-rpa.jp/winactor_booksよりダウンロード可能です。
>
> ダウンロード後に「総合演習」フォルダをデスクトップに保存してシナリオを作成してください。

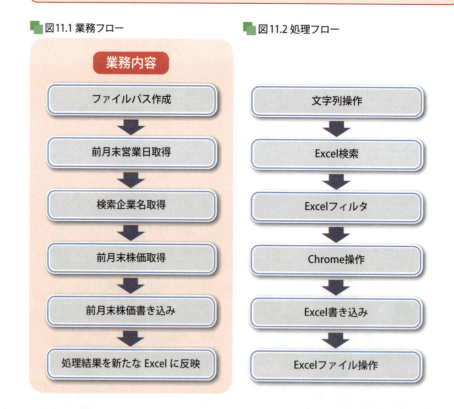

図11.1 業務フロー　　図11.2 処理フロー

11-1-2 使用するExcelファイル

使用するExcelファイルは下記の2つです。

■ 図11.3 休日マスター-Excelファイル

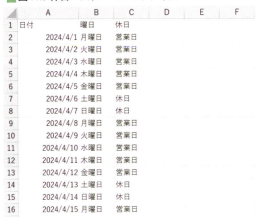

■ 図11.4 株価一覧-Excelファイル

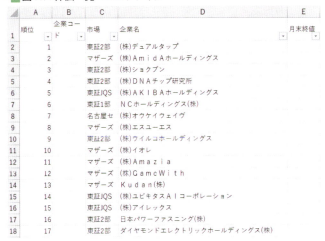

❶ 市場（C列）を「東証1部」でフィルタ

❷ 月末終値（E列）を空白でフィルタ

❸ 名称（D列）を取得し企業を「SBMSファイナンス」で検索

❹ 企業コード（B列）、前月終値（E列）に書き込み

11-1-3 使用フォルダ構成

```
デスクトップ
  └総合演習
    └休日マスター.xlsx
    └株価一覧.xlsx
```

11-1-4 株価検索の画面遷移

❶ **Chromeを起動**

❷ **「SBMSファイナンス」を開く**

図11.5 株価検索画面（SBMSファイナンス）

URL:https://ms-rpa.jp/stocks

❸ **「検索企業名」設定**

❹ **「検索ボタン」をクリック**

11-1 全体概要

■ 図11.6 株価検索結果一覧画面(SBMSファイナンス)

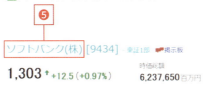

❺「企業名」をクリック

■ 図11.7 株価詳細画面(SBMSファイナンス)

❻「企業コード」を取得

❼「時系列」をクリック

■ 図11.8 株価時系列一覧画面(SBMSファイナンス)

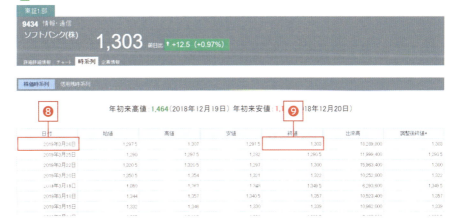

❽ 日付を取得する

❾「終値」を取得する

11-1-5 総合演習 完成イメージ

▪ 図11.9 完成シナリオ

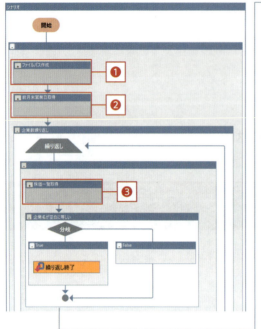
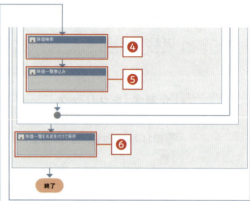

❶ 各種ファイルパスの作成 (文字列操作)

❷ 前月末営業日の取得 (Excel検索)

❸ 検索企業名の取得 (Excelフィルタ)

❹ 前月末株価の取得 (Chrome操作)

❺ 前月末株価をExcelへ書き込み (Excel書き込み)

❻ Excelファイルを名前を付けて保存 (Excelファイル操作)

11-1-6 シナリオを新規作成しシナリオ内で使用する変数を変数一覧のインポートにより作成

■ 図11.10 変数一覧ウィンドウの変数名インポートをクリック

■ 図11.11 変数インポートファイルを選択

■ 図11.12 インポートする変数の選択

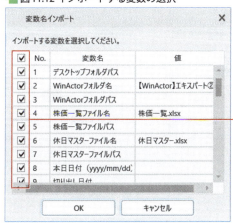

第11章 総合演習

■ 図11.13 変数名インポート後の変数一覧ウィンドウ

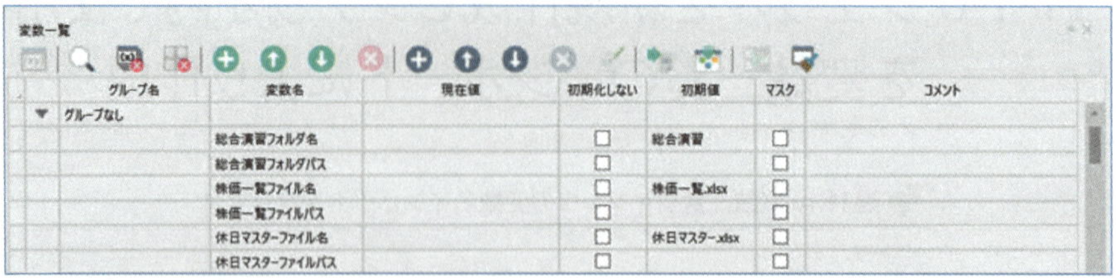

11-2 課題①文字列操作

ここでは文字列操作を使用して、シナリオに必要なファイルパスを作成します。その後、Excel検索にて前月末営業日の取得を行います。

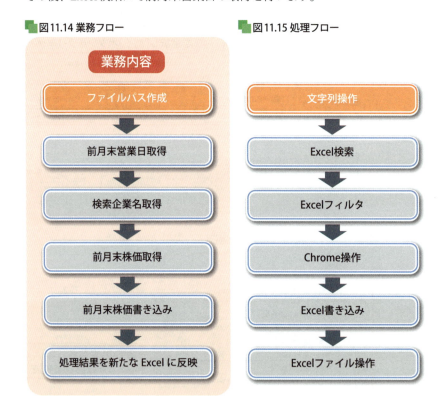

■ 図11.14 業務フロー　　　■ 図11.15 処理フロー

11-2-1 完成イメージ

デスクトップフォルダの情報を取得し、変数と組み合わせて各種ファイルパスを作成します。

■ 図11.16 完成イメージ

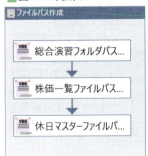

11-2-2 ファイルパス作成

❶ **使用するノード**

以下のノードをフローチャートに設定しグループの名前を変更します。

■ 図11.17 グループと対象ノードの設置

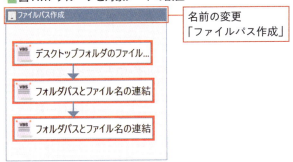

ノード・ライブラリ名	場所
デスクトップフォルダのファイルパス	ライブラリ - 13.ファイル関連 - 05.ファイル名
フォルダパスとファイル名の連結	

❷ デスクトップのフォルダパスを取得

デスクトップフォルダのファイルパスをダブルクリックし、プロパティを設定します。

📘 図11.18 総合演習フォルダパス作成 - デスクトップフォルダのファイルパス

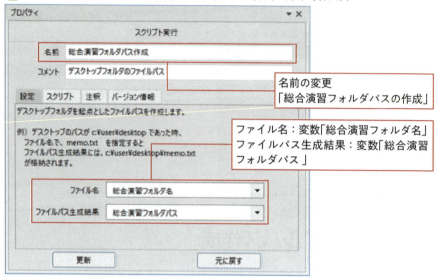

ライブラリ -13_ ファイル関連 -05_ ファイル名 - デスクトップフォルダのファイルパス

❸ 使用するExcelファイルパスの作成（株価一覧ファイルパス、休日マスターファイル）

1つ目のフォルダパスとファイル名の連結をダブルクリックしプロパティを設定します。

📘 図11.19 株価一覧ファイルパスの作成 - フォルダパスとファイル名の連結

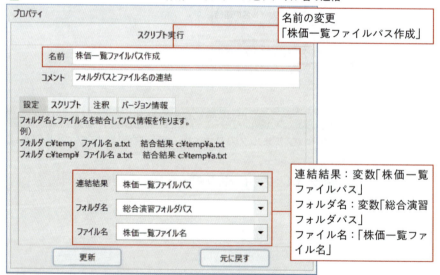

ライブラリ −13_ファイル関連 −05_ファイル名−フォルダパスとファイル名の連結

2つ目のフォルダパスとファイル名の連結をダブルクリックし、プロパティを設定します。

図11.20 休日マスターファイルパスの作成 - フォルダパスとファイル名の連結

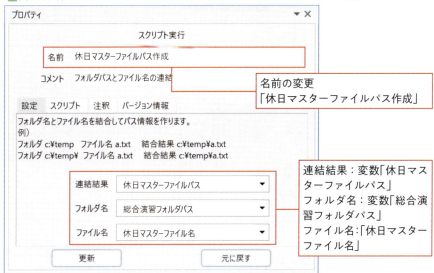

ライブラリ −13_ファイル関連 −05_ファイル名 − フォルダパスとファイル名の連結

❹ **完成したグループ**

図11.21 完成したグループ

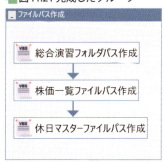

11-2-3 これまで完成したシナリオ

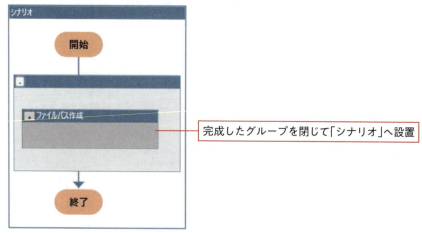

図11.22 これまで完成したシナリオ

完成したグループを閉じて「シナリオ」へ設置

11-3 課題②Excel検索

　本日の日付から前月末日を取得し、「休日マスター」ファイルにて確認し、営業日であれば、月末最終営業日の日付をWeb検索用に書式「yyyy年m月d日」に変更します。

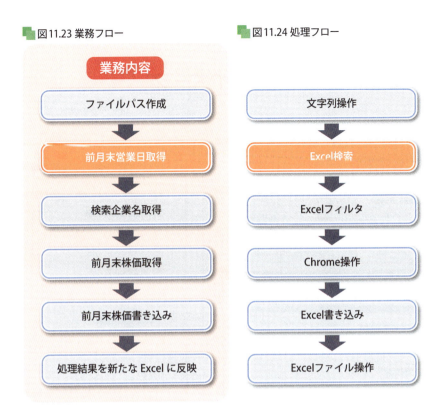

図11.23 業務フロー

図11.24 処理フロー

11-3-1 使用するファイル

図11.25 休日マスター _Excelファイル

	A	B	C
1	日付	曜日	休日
2	2024/4/1	月曜日	営業日
3	2024/4/2	火曜日	営業日
4	2024/4/3	水曜日	営業日
5	2024/4/4	木曜日	営業日
6	2024/4/5	金曜日	営業日
7	2024/4/6	土曜日	休日
8	2024/4/7	日曜日	休日
9	2024/4/8	月曜日	営業日
10	2024/4/9	火曜日	営業日
11	2024/4/10	水曜日	営業日
12	2024/4/11	木曜日	営業日
13	2024/4/12	金曜日	営業日
14	2024/4/13	土曜日	休日
15	2024/4/14	日曜日	休日

❶ 日付 (A 列) を検索

❷ その行の休日判定（C 列）の値で休日判定

❸休日判定が休日の場合は1日前で検索し営業日まで繰り返す

11-3-2 Excel検索の完成イメージ

▶図11.26 完成イメージ

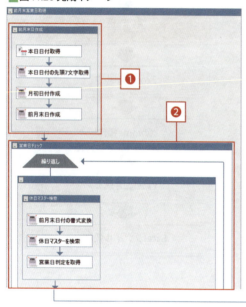
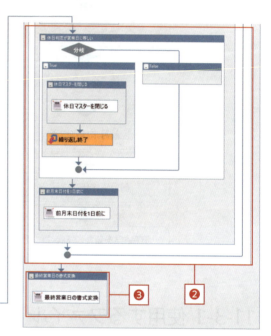

❶ 前月末日を作成

❷ 休日マスターより前月末日が営業日か確認し、営業日でなければ前月末日を1日前に設定

❸ 前月末営業日の書式をWeb情報の書式「yyyy年m月d日」に変更する

11-3-3 前月末日の作成

❶ 使用するノード

以下のノードをフローチャートに設定しグループの名前を変更します。

11-3 課題② Excel 検索

図11.27 グループと対象ノードの設置

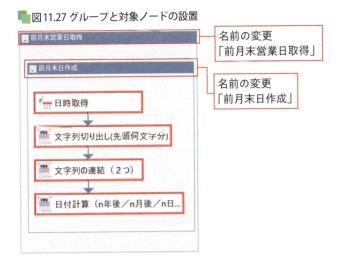

ノード・ライブラリ名	場所
日時取得	ノード - 変数
文字列切り出し(先頭何文字分)	ライブラリ - 07.文字列操作 - 02. 切り出し・分割
文字列の連結(2つ)	ライブラリ – 07.文字列操作 – 03.連結 - 文字列の連結(2つ)
日付計算(n年後/n月後/n日後)	ライブラリ - 08.日付関連

❷ 日時取得をダブルクリックしプロパティを設定

図11.28 本日日付取得 - 日時取得

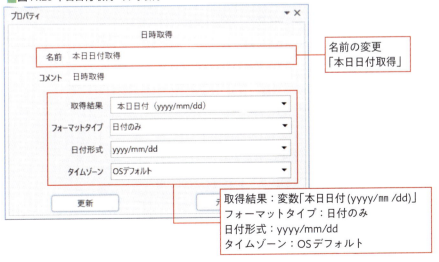

取得結果：変数「本日日付(yyyy/mm /dd)」
フォーマットタイプ：日付のみ
日付形式：yyyy/mm/dd
タイムゾーン：OSデフォルト

ノード - 変数 - 日時取得

319

> **NOTE**
> 現在日付は「yyyy/mm/dd」の形で取得されているので、「yyyy/mm」の部分を切り出し、「/01」に連結することで月初日付が作成できます。

❸ 本日日付の先頭7文字を取得

図11.29 本日日付の先頭7文字取得 - 文字列切り出し(先頭何文字分)

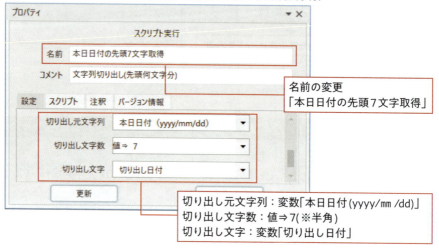

名前の変更
「本日日付の先頭7文字取得」

切り出し元文字列：変数「本日日付(yyyy/mm /dd)」
切り出し文字数：値⇒ 7(※半角)
切り出し文字：変数「切り出し日付」

ライブラリ - 07_文字列操作 - 02_切り出し分割 - 文字列切り出し(先頭何文字分)

❹ 切り出し文字に「/01」を連結して今月初日の日付を取得

図11.30 月初日付作成 - 文字列の連結(2つ)

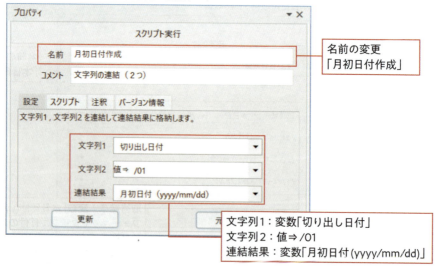

名前の変更
「月初日付作成」

文字列1：変数「切り出し日付」
文字列2：値⇒ /01
連結結果：変数「月初日付(yyyy/mm/dd)」

ライブラリ - 07_文字列操作 - 03_連結 - 文字列の連結(2つ)

❺ 最後に今月初日の1日前を取得

■ 図11.31 前月末日作成 - 日付計算（n年後／n月後／n日後）

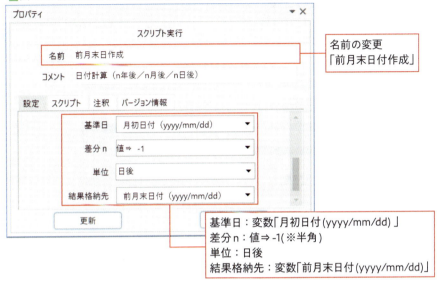

基準日：変数「月初日付(yyyy/mm/dd)」
差分n：値⇒ -1(※半角)
単位：日後
結果格納先：変数「前月末日付(yyyy/mm/dd)」

ライブラリ - 08_日付関連 - 日付計算(n年後／n月後／n日後)

❻ 完成したグループ

■ 図11.32 完成したグループ

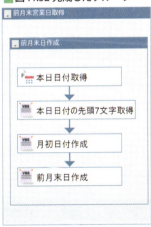

11-3-4 前月末営業日を取得

❶ 使用するノード

以下のノードをフローチャートに設定し、グループの名前を変更します。

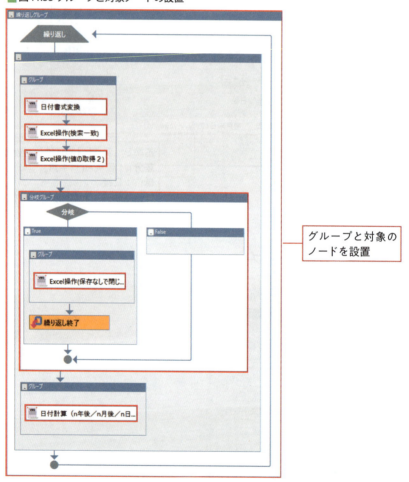

図11.33 グループと対象ノードの設置

ノード・ライブラリ名	場所
繰り返し	ノード - フロー
日付書式変換	ライブラリ - 08.日付関連
Excel操作(検索一致)	ライブラリ - 18.Excel関連
Excel操作(値の取得2)	ライブラリ - 18.Exce関連

分岐	ノード - フロー
Excel操作(保存なしで閉じる)	ライブラリ - 18.Excel関連 - 01.ファイル操作
繰り返し終了	ノード - フロー
日付計算(n年後/n月後/n日後)	ライブラリ - 08.日付関連

❷ 繰り返しグループを「営業日チェック」として作成

■ 図11.34 営業日チェック - 繰り返しグループ

ノード - フロー - 繰り返し

■ 図11.35 営業日チェック - 繰り返しグループ条件式設定

❸ グループ名を「休日マスター検索」に変更

📗 図11.36 休日マスター検索

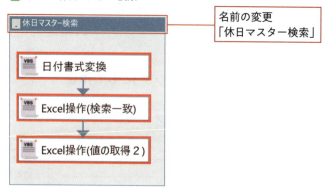

名前の変更
「休日マスター検索」

❹ 前月末日を yyyy/m/d へ書式変更

📗 図11.37 前月末日付の書式変換 - 日付書式変換

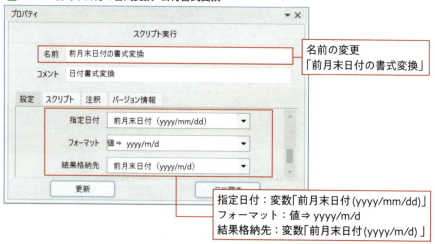

名前の変更
「前月末日付の書式変換」

指定日付：変数「前月末日付(yyyy/mm/dd)」
フォーマット：値 ⇒ yyyy/m/d
結果格納先：変数「前月末日付(yyyy/m/d)」

ライブラリ - 08_日付関連 - 日付書式変換

❺ 日付検索

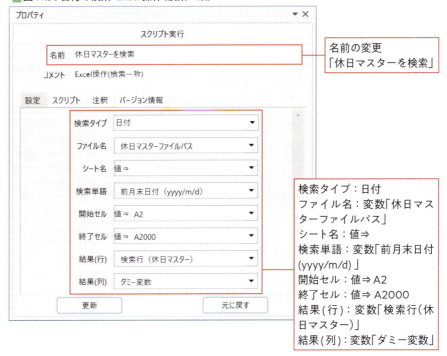

図11.38 日付の検索 - Excel 操作（検索一致）

検索タイプ：日付
ファイル名：変数「休日マスターファイルパス」
シート名：値⇒
検索単語：変数「前月末日付 (yyyy/m/d)」
開始セル：値⇒ A2
終了セル：値⇒ A2000
結果(行)：変数「検索行(休日マスター)」
結果(列)：変数「ダミー変数」

ライブラリ - 18_Excel関連 - Excel 操作（検索一致）

> **NOTE**
>
> 演習課題では終了セルは2000行までのものとして設定していますが、「Excel 操作（最終行取得 その1）」等を使用して最終行を取得して「文字列の連結(2つ)」と組み合わせて、「A○」という終了セルの値を作ることも可能です。最終行の情報から検索範囲のセルを作成すると検索対象ファイルのデータの行数が可変する場合でも正しく検索範囲を特定することが可能です。

第11章 総合演習

❻ 日付の営業日を確認

🟩 図11.39 営業日判定を取得 -Excel 操作 (値の取得 2)

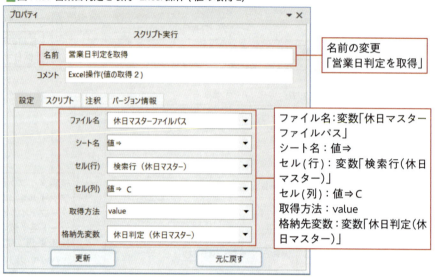

ライブラリ - 18_Excel関連 - Excel 操作(値の取得 2)

❼ 条件分岐の設定

🟩 図11.40 休日判定が営業日に等しい - 分岐グループ

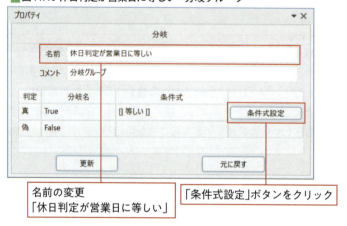

ノード - フロー - 分岐

326

図11.41 休日判定が営業日に等しい - 分岐グループ条件式設定

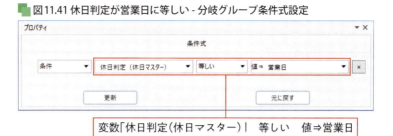

変数「休日判定(休日マスター)」 等しい 値⇒営業日

❽ 休日マスターを閉じる

図11.42 休日マスターを閉じる

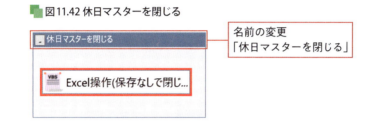

名前の変更
「休日マスターを閉じる」

図11.43 休日マスターを閉じる-Excel操作(保存なしで閉じる)

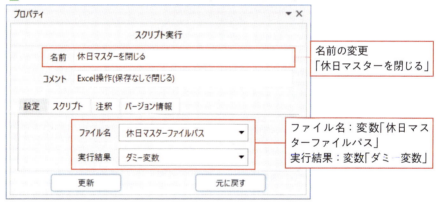

名前の変更
「休日マスターを閉じる」

ファイル名:変数「休日マスターファイルパス」
実行結果:変数「ダミー変数」

ライブラリ - 18_Excel関連 - 01_ファイル操作 - Excel操作(保存なしで閉じる)

❾ 繰り返し終了

🟩 図11.44 繰り返し終了

❿ 前月末日付の1日前の日付取得

🟩 図11.45 前月末日付を1日前に

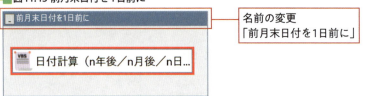

🟩 図11.46 前月末日付を1日前に - 日付計算（n年後／n月後／n日後）

ライブラリ - 08_日付関連 - 日付計算(n年後／n月後／n日後)

⓫ 完成したグループ

🟩 図11.47 完成したグループ

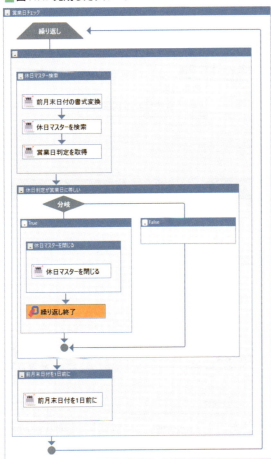

11-3-5 前月末営業日の書式変換

❶ 使用するノード

以下のノードをフローチャートに設定し、グループの名前を変更します。

図11.48 グループと対象ノードの設置

ノード・ライブラリ名	場所
日付書式変換	ライブラリ - 08.日付関連

❷ 最終営業日の書式変換

図11.49 最終営業日の書式変更 – 日付書式変換

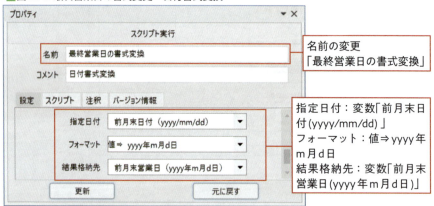

ライブラリ - 08_日付関連 - 日付書式変換

❸ 完成したグループ

図11.50 完成したグループ

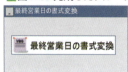

11-3-6 11-3で完成したグループ

▌図11.51 完成イメージ

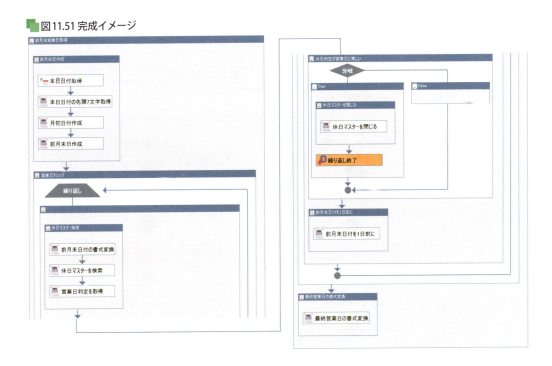

11-3-7 これまで完成したシナリオ

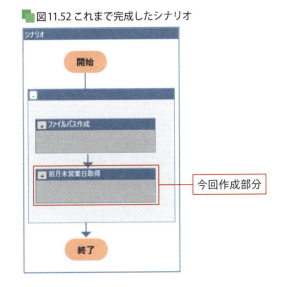

▌図11.52 これまで完成したシナリオ

今回作成部分

第11章 総合演習

11-4 課題③Excelフィルタ

「株価一覧」ファイルを「東証1部」でフィルタし、株価を検索する名称(企業名)を取得します。

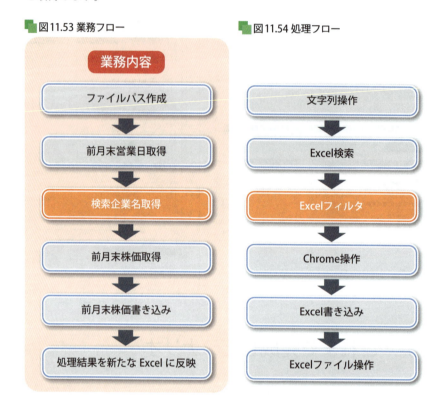

図11.53 業務フロー　　図11.54 処理フロー

11-4-1 使用するファイル

図11.55 株価一覧 -Excelファイル

❶ 市場（C列）を「東証1部」でフィルタ

❷ 月末終値（F列）を空白でフィルタ

図11.56 株価一覧 - 東証一部フィルタExcelファイル

❸ 基準セル「D1」にカーソル移動

❹ エミュレーションで一行「Down」

❺ 名称（企業名）を取得

❻ ❶～❺を「名称」（企業名）が空白になるまで繰り返す

11-4-2 Excelフィルタの完成イメージ

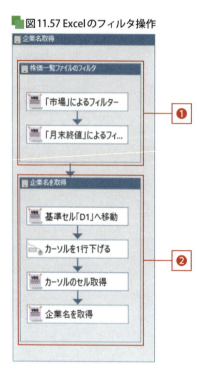

図11.57 Excelのフィルタ操作

❶ Excel のフィルタ

❷ 名称（企業名）の値を取得

11-4-3 企業名取得

❶使用するノード
以下のノードをフローチャートに設定しグループの名前を変更します。

図11.58 グループと対象ノードの設置

グループと対象のノードを設置

ノード・ライブラリ名	場所
Excel操作（フィルタ条件設定）	ライブラリ - 18.Excel関連 - 10.フィルタ操作
Excel操作（カーソル移動）	ライブラリ - 18.Excel関連 - 11.カーソル操作
エミュレーション	ライブラリ - 04.自動記録アクション
Excel操作（カーソル位置の読み取り）	ライブラリ - 18.Excel関連 - 11.カーソル操作
Excel操作（値の取得）	ライブラリ - 18.Excel関連

❷市場によるフィルタと月末終値によるフィルタ
1つ目のExcel操作（フィルタ条件設定）をダブルクリックし、プロパティを設定します。

図11.59 「市場」によるフィルタ - Excel操作

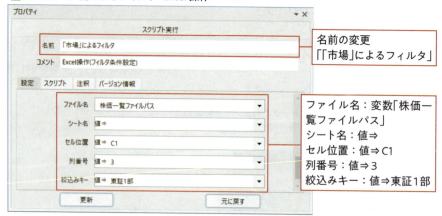

ライブラリ - 18_Excel関連 - 10_フィルタ操作 - Excel操作(フィルタ条件設定)

2つ目のExcel操作(フィルタ条件設定)をダブルクリックし、プロパティを設定します。

図11.60 「月末終値」によるフィルタ - Excel操作

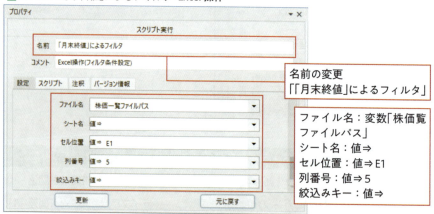

ライブラリ - 18_Excel関連 - 10_フィルタ操作 - Excel操作(フィルタ条件設定)

> **NOTE　名称(企業名)の取得方法**
>
> 基準セル「D1」へカーソル移動してエミュレーションモードで「Down」をクリックし、フィルタデータの先頭セルの値を取得します。

❸カーソル移動

■図11.61 基準セルを「D1」へカーソル移動 -Excel操作

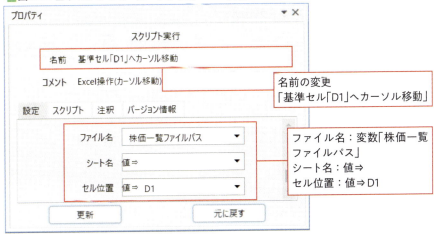

ライブラリ - 18_Excel関連 - 11_ カーソル操作 - Excel操作(カーソル移動)

❹カーソルを一行下げる

■図11.62 カーソルを一行下げる - エミュレーション

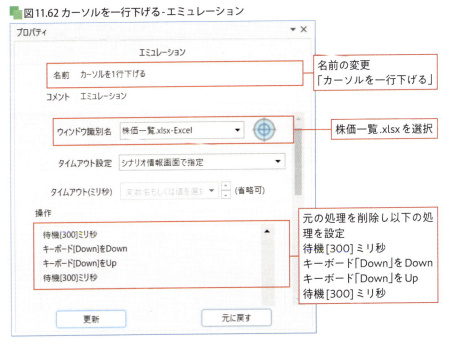

ライブラリ - 04_自動記録アクション − エミュレーション

❺ エミュレーションモードで作成したExcelのウィンドウ識別ルールの条件緩和

■ 図11.63 ウィンドウ識別ルール

「ウィンドウ識別ルール」をクリック

■ 図11.64 ウィンドウ識別ルール詳細

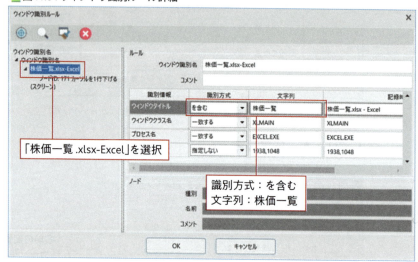

「株価一覧 .xlsx-Excel」を選択

識別方式：を含む
文字列：株価一覧

> **NOTE** なぜExcelのウィンドウ識別名の条件を緩和する必要があるのか？
>
> PCの個人設定によってExcelファイルの拡張子の表示・非表示の設定をすることができますが、拡張子の表示・非表示によってウィンドウ識別ができなくなる恐れがあります。

❻ カーソルの位置取得

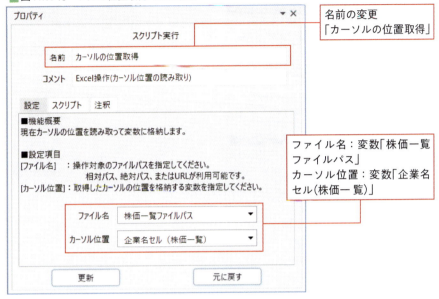

🟢 図11.65 カーソルの位置取得 -Excel 操作

ライブラリ - 18_Excel関連 - 11_ カーソル操作 - Excel 操作(カーソル位置の読み取り)

❼ 企業名を値取得

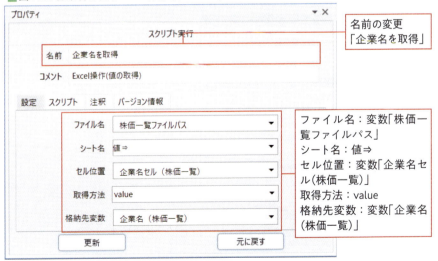

🟢 図11.66 企業名を取得 -Excel 操作 (値の取得)

ライブラリ - 18_Excel関連 - Excel 操作(値の取得)

❽完成したグループ

図11.67 完成したグループ

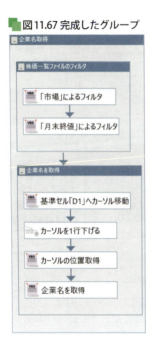

11-4-4 これまで完成したシナリオ

図11.68 これまで完成したシナリオ

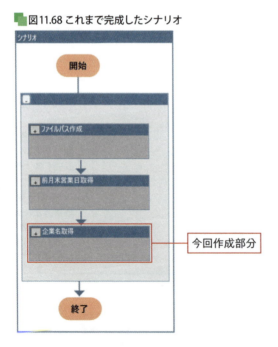

今回作成部分

11-4 課題③ Excel フィルタ

column
WinActorのフィルタ設定の条件は、記号を組み合わせることにより様々なフィルタを行うことができます。

①「東証1部」ではない

図11.69「東証1部」ではない

②「東証」を含む

図11.70「東証」を含む

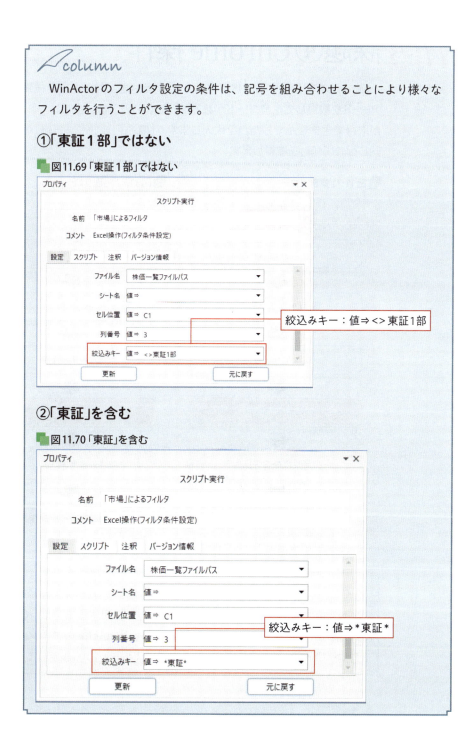

11-5 課題④ Chrome操作

　Chromeを起動して「SBMSファイナンス」を開き、対象企業を検索します。企業コードを取得して企業コードが数値4桁でない場合は、企業コードに「企業コードが取得できませんでした。」を代入します。「時系列」画面で「日付」が前月営業日と同じ行の「終値」を取得します。

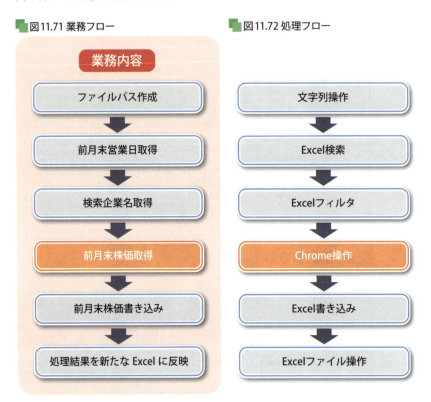

図11.71 業務フロー　　図11.72 処理フロー

> **column**
> 　Chromeで記録モードの「Chromeモード」を使用する場合は、Chromeに拡張機能をインストールする必要があります。WinActorのメイン画面「ツール(T)」>「Chrome拡張機能をChromeにインストール」から設定してください。

11-5-1 株価検索の画面遷移

■ 図11.73 株価検索画面（SBMSファイナンス）

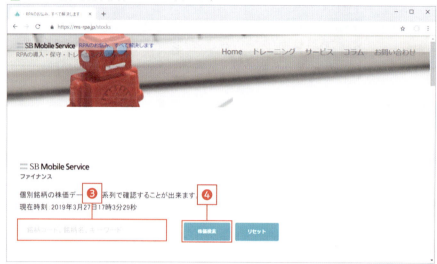

URL ⇒ https://ms-rpa.jp/stocks

❶ **Chromeを起動**

❷ **「SBMSファイナンス」を開く**

❸ **「検索企業名」設定**

❹ **「株価検索」をクリック**

■ 図11.74 株価検索結果一覧画面（SBMSファイナンス）

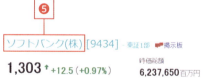

❺「企業名」をクリック

■ 図11.75 株価詳細画面（SBMSファイナンス）

❻「企業コード」取得

　企業コードが数値4桁でない場合は企業コードに「企業コードが取得できませんでした。」を代入します。

❼「時系列」をクリック

■ 図11.76 株価時系列一覧画面（SBMSファイナンス）

❽ 日付を取得する

　取得した日付と前月営業日が同じになるまで繰り返します。

❾「日付」と前月営業日が同じ列の「終値」を取得

11-5-2 完成イメージ

■ 図11.77 完成イメージ

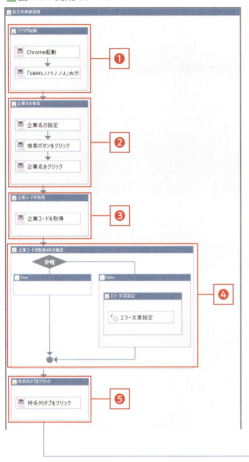
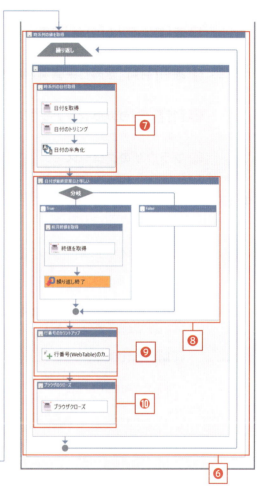

❶ ブラウザの起動

❷ 「企業名」を検索

❸ 「企業コード」を取得

❹ 「企業コード」が数値4桁か確認

❺「時系列タブ」をクリック

❻ 繰り返し処理

❼ 表「時系列」の「日付」取得

❽ 表の「日付」が前月末営業日との比較で分岐

❾「行番号」のカウントアップ

❿ ブラウザのクローズ

11-5-3 ブラウザ起動

❶ 使用するノード

以下のノードをフローチャートに設定しグループの名前を変更します。

■ 図11.78 グループと対象ノードの設置

ノード・ライブラリ名	場所
ブラウザ起動	ライブラリ - 23.ブラウザ関連 - 01.起動＆クローズ
ページ表示	ライブラリ - 23.ブラウザ関連

❷ ブラウザ起動

図11.79 Chrome起動 - ブラウザ起動

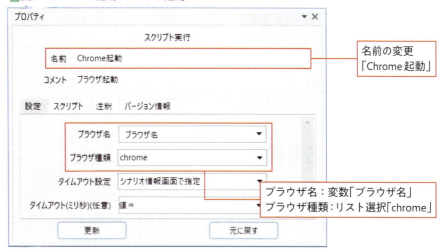

ライブラリ - 23_ブラウザ関連 - 01_起動&クローズ - ブラウザ起動

❸ SBMSファイナンスを表示

図11.80「SBMSファイナンス」表示 - ページ表示

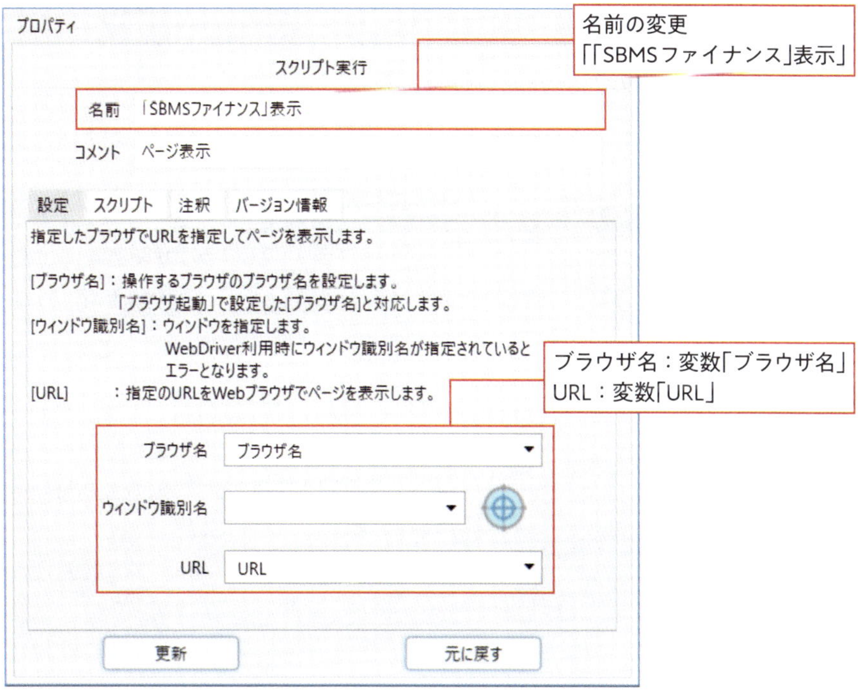

名前の変更
「「SBMSファイナンス」表示」

ブラウザ名：変数「ブラウザ名」
URL：変数「URL」

ライブラリ - 23_ブラウザ関連 - ページ表示

❹ 完成したグループ

図11.81 完成したグループ

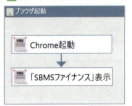

11-5-4 企業名を検索

❶ 使用するノード

以下のノードをフローチャートに設定しグループの名前を変更します。

図11.82 グループと対象ノードの設置

ノード・ライブラリ名	場所
値の設定	ライブラリ - 23.ブラウザ関連
クリック	ライブラリ - 23.ブラウザ関連 - 03.クリック

❷ 検索項目に値設置

🟩 図11.83 企業名の設定 - 値の設定

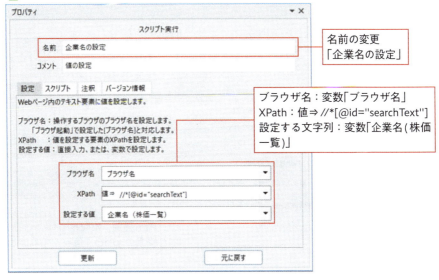

名前の変更
「企業名の設定」

ブラウザ名：変数「ブラウザ名」
XPath：値⇒ //*[@id="searchText"]
設定する文字列：変数「企業名(株価一覧)」

ライブラリ - 23_ブラウザ関連 - 値の設置

❸ 検索ボタンをクリック後、企業名をクリック

1つ目のクリックをダブルクリックし、プロパティを設定します。

🟩 図11.84 検索ボタンをクリック - クリック

名前の変更
「検索ボタンをクリック」

ブラウザ名：変数「ブラウザ名」

Path種別：XPath
要素のXPath：値⇒ //*[@id="searchButton"]

ライブラリ - 23_ブラウザ関連 - 03_クリック - クリック

第11章 総合演習

2つ目のクリックをダブルクリックし、プロパティを設定します。

■図11.85 企業名をクリック - クリック

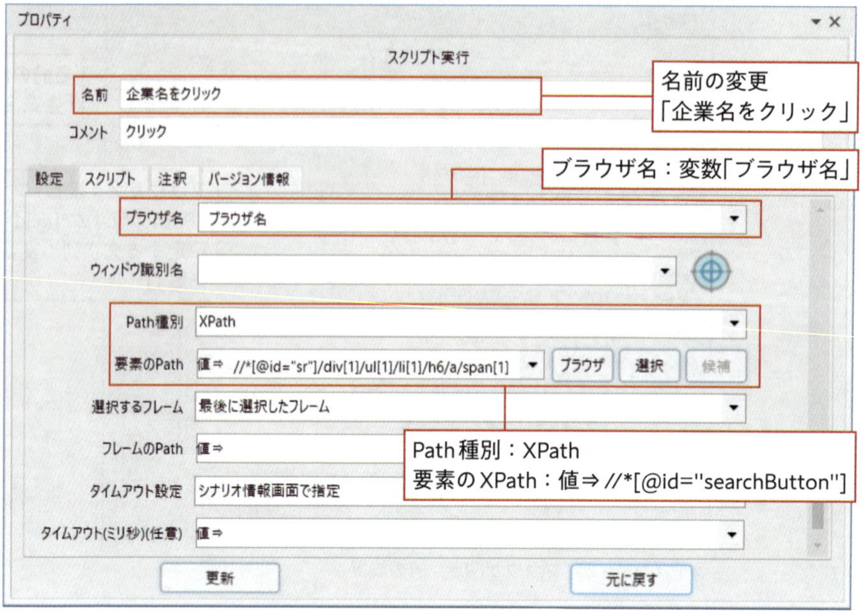

ライブラリ - 23_ブラウザ関連 - 03_クリック - クリック

❹ 完成したグループ

■図11.86 完成したグループ

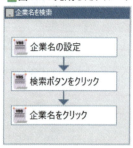

11-5-5 企業コードを取得

❶ 使用するノード

以下のノードをフローチャートに設定しグループの名前を変更します。

図11.87 グループと対象ノードの設置

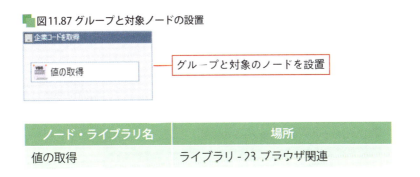

グループと対象のノードを設置

ノード・ライブラリ名	場所
値の取得	ライブラリ - 23_ブラウザ関連

❷ 企業コードを取得

図11.88 企業コードを取得 - 値の取得

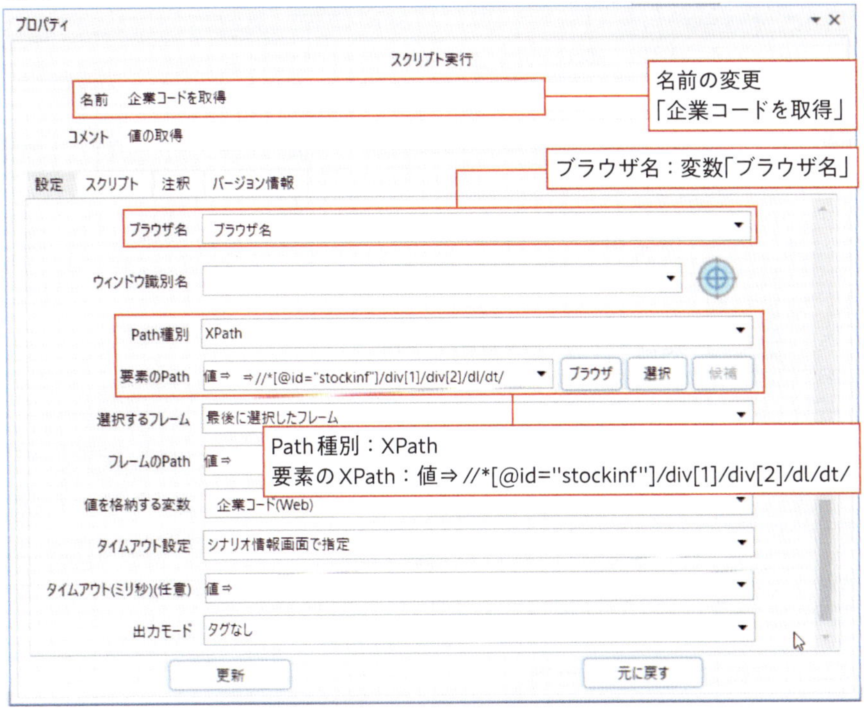

- 名前の変更「企業コードを取得」
- ブラウザ名：変数「ブラウザ名」
- Path種別：XPath
- 要素のXPath：値⇒ //*[@id="stockinf"]/div[1]/div[2]/dl/dt/

ライブラリ - 23_ブラウザ関連 - 値の取得

❸ 完成したグループ

図11.89 完成したグループ

11-5-6 企業コードが数値4桁かどうかの確認

❶ 使用するノード

以下のノードをフローチャートに設定しグループの名前を変更します。

図11.90 グループと対象ノードの設置

グループと対象の
ノードを設置

ノード・ライブラリ名	場所
分岐	ノード - フロー
変数値設定	ノード - 変数

❷ 企業コードが数値4桁か確認

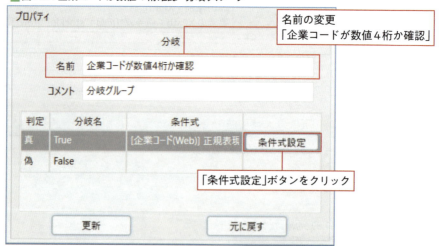

図11.91 企業コードが数値4桁確認 - 分岐グループ

名前の変更
「企業コードが数値4桁か確認」

「条件式設定」ボタンをクリック

図11.92 企業コードが数値4桁か確認 - 分岐グループ条件式

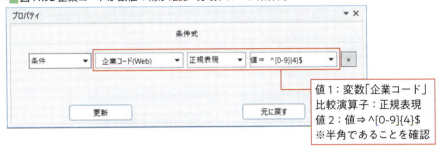

値1：変数「企業コード」
比較演算子：正規表現
値2：値⇒ ^[0-9]{4}$
※半角であることを確認

ライブラリ - 23_ブラウザ関連 - 値の取得

NOTE　正規表現「^[0-9]{4}$」の意味

- ^（キャレット）：文字列の開始
- [0-9]：0～9の数値
- {4}：4文字
- $：文字列の最後

　詳細は、『WinActor操作 マニュアル』の「正規表現の入力例」を参照してください。

❸ 企業コードエラー文言設定

図11.93 エラー文言設定 - 変数値設定

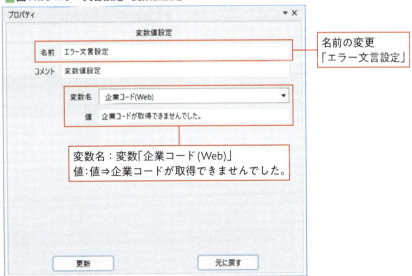

名前の変更
「エラー文言設定」

変数名：変数「企業コード(Web)」
値：値⇒企業コードが取得できませんでした。

ノード - 変数 - 変数値設定

❹ 完成したグループ

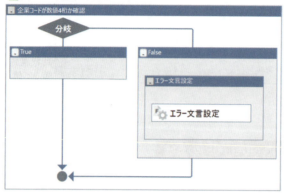

図11.94 完成したグループ

11-5-7 時系列タブをクリック

❶ 使用するノード

以下のノードをフローチャートに設定しグループの名前を変更します。

図11.95 グループと対象ノードの設置

グループと対象のノードを設置

ノード・ライブラリ名	場所
クリック	ライブラリ - 23.ブラウザ関連 - 03.クリック

❷ 時系列タブをクリック

■図11.96 時系列タブをクリック - クリック

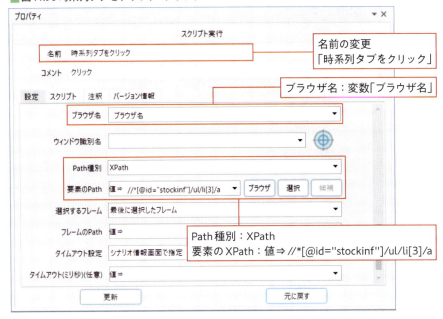

ライブラリ - 23_ブラウザ関連 - 03_クリック - クリック

❸ 完成したグループ

■図11.97 完成したグループ

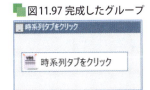

11-5-8 終値を取得

❶ 使用するノード

以下のノードをフローチャートに設定しグループの名前を変更します。

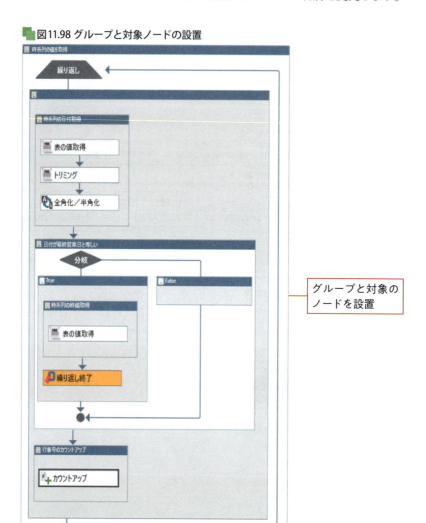

図11.98 グループと対象ノードの設置

ノード・ライブラリ名	場所
繰り返し終了	ノード - フロー
表の値取得	ライブラリ - 23.ブラウザ関連 - 05.表

トリミング	ライブラリ - 07.文字列操作 - 01.変換・整形
全角化/半角化	ノード - 変数
分岐	ノード - フロー
カウントアップ	ノード - 変数

❷ Webの表の値を取得の繰り返し

■ 図11.99 表の値を取得 - 繰り返しグループ

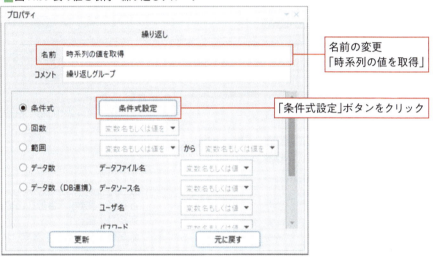

ノード - フロー - 繰り返し

■ 図11.100 時系列の値を取得 - 繰り返しグループ - 条件式

❸ 時系列の日付取得

■ 図11.101 ①日付を取得 - 表の値取得

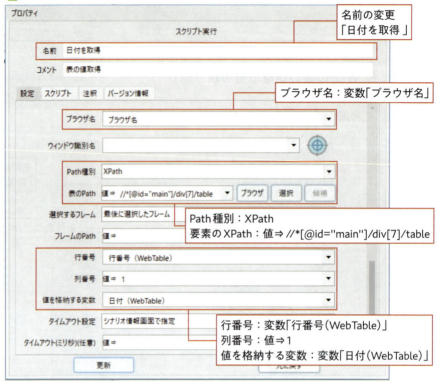

ライブラリ - 23_ブラウザ関連 - 05_表 - 表の値取得

> **NOTE　WebTableのXPath取得のコツ**
>
> 表の縦の外枠を選択すると取得が容易です。
>
> ■ 図11.102　②コツ - 日付を取得 - 表の値取得
>
>

❹ 取得「日付」のトリミング

📄 図11.103 日付のトリミング - トリミング

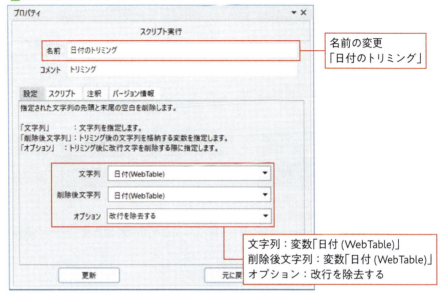

ライブラリ - 07_文字列操作 - 01_変換・整形 - トリミング

❺ 日付の半角化

📄 図11.104 日付の半角化 - 全角化／半角化

ノード - 変数 - 全角化／半角化

❻ 表の日付と前月末日付の比較による分岐

図11.105 日付が最終営業日と等しい - 分岐グループ

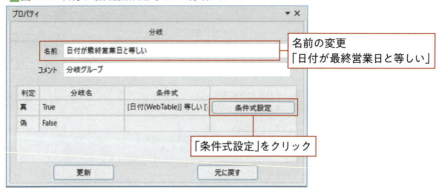

ノード - フロー - 分岐

図11.106 日付が最終営業日と等しい - 分岐グループ - 条件式

❼ **前月終値を取得**

■ 図11.107 終値を取得 - 表の値取得

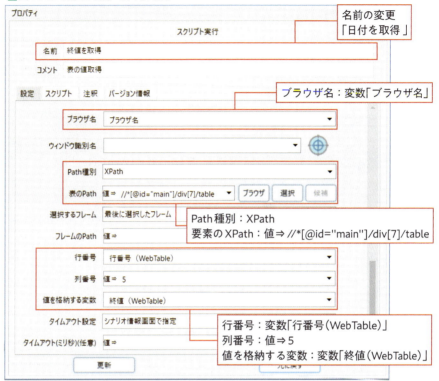

ライブラリ - 23_ブラウザ関連 - 05_表 - 表の値取得

❽ **繰り返し終了**

■ 図11.108 繰り返し終了

ノード - フロー - 繰り返し終了

❾「行番号」のカウントアップ

■ 図11.109 行番号（WebTable）のカウントアップ - カウントアップ

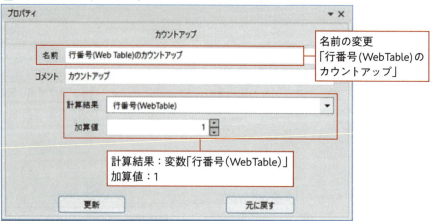

ノード - 変数 - カウントアップ

❿ 完成したグループ

🟩 図11.110 完成したグループ

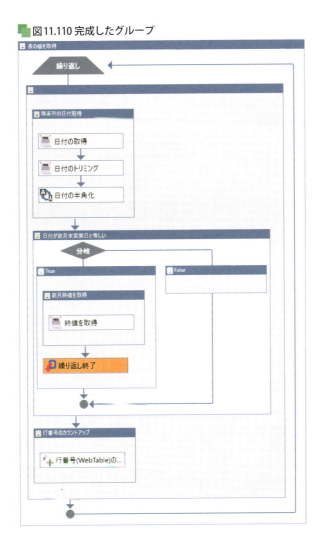

11-5-9 ブラウザのクローズ

❶ 使用するノード
以下のノードをフローチャートに設定しグループの名前を変更します。

■ 図11.111 グループと対象ノードの設置

グループと対象のノードを設置

ノード・ライブラリ名	場所
ブラウザクローズ	ライブラリ - 23.ブラウザ関連 - 01.起動＆クローズ

❷ ブラウザクローズ

■ 図11.112 ブラウザクローズ

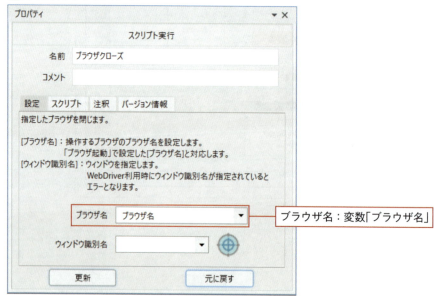

ブラウザ名：変数「ブラウザ名」

ライブラリ - 23_ブラウザ関連 - 01_起動＆クローズ - ブラウザクローズ

❸ 完成したグループ

図11.113 完成したグループ

11-5-10　11-5で完成したグループ

図11.114 完成したグループ

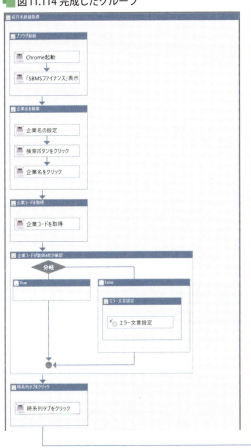
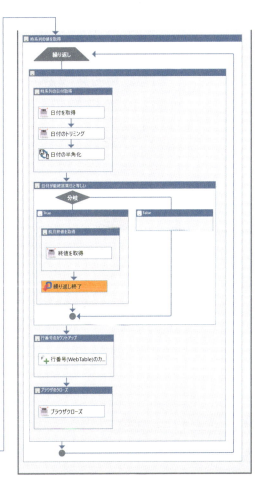

11-5-11 これまで完成したシナリオ

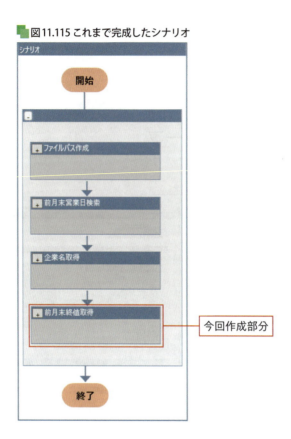

図11.115 これまで完成したシナリオ

11-6 課題⑤ Excelへの書き込み

「SBMSファイナンス」から取得した「企業コード」と「前月終値」をExcelに反映します。

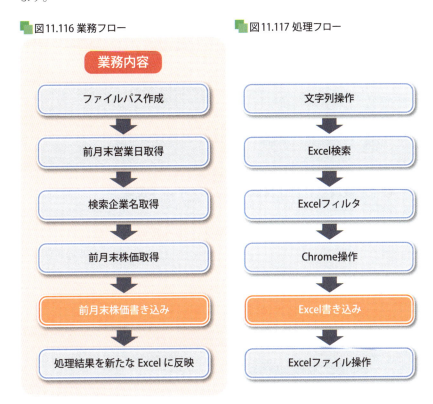

図11.116 業務フロー　　図11.117 処理フロー

第11章 総合演習

11-6-1 使用するファイル

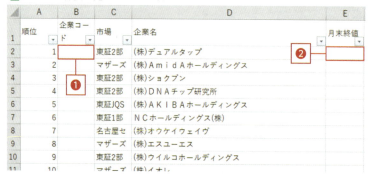

図11.118 株価一覧-Excelファイル

❶「企業コード」を「株価一覧」ファイルへ反映

❷「前月終値」を「株価一覧」ファイルへ反映

11-6-2 完成シナリオ

図11.119 完成イメージ

❶「企業コード」を「株価一覧」ファイルへ反映

❷「前月終値」を「株価一覧」ファイルへ反映

11-6-3 株価一覧書き込み

❶ 使用するノード

以下のノードをフローチャートに設定し、グループの名前を変更します。

■図11.120 グループと対象ノードの設置

ノード・ライブラリ名	場所
変数値コピー	ノード - 変数
文字列置換	ライブラリ - 07.文字列操作 - 01.変換・整形
Excel操作(値の設定)	ライブラリ - 18.Excel関連

❷ セルをコピー

図11.121 セルをコピー - 変数値コピー

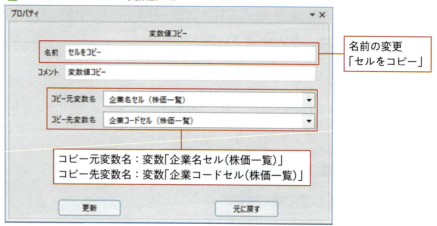

名前の変更
「セルをコピー」

コピー元変数名：変数「企業名セル(株価一覧)」
コピー先変数名：変数「企業コードセル(株価一覧)」

ノード - 変数 - 変数値コピー

❸ 書き込みセルを作成

図11.122 書き込みセルを作成 - 文字列置換

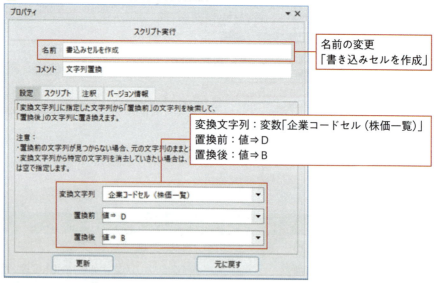

名前の変更
「書き込みセルを作成」

変換文字列：変数「企業コードセル(株価一覧)」
置換前：値⇒D
置換後：値⇒B

ライブラリ - 07_文字列操作 - 01_変換・整形 - 文字列置換

❹ 企業コードを書き込み

図11.123 企業コードの書き込み-Excel操作(値の設定)

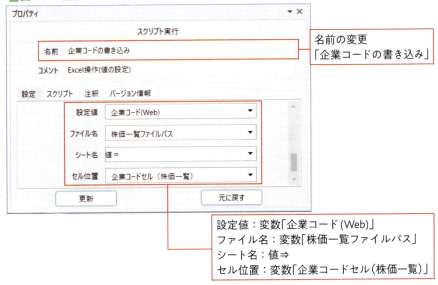

設定値：変数「企業コード(Web)」
ファイル名：変数「株価一覧ファイルパス」
シート名：値⇒
セル位置：変数「企業コードセル(株価一覧)」

ライブラリ - 18_Excel関連 - Excel操作(値の設定)

❺ 同様に「終値を書き込み」についても作成

図11.124 セルをコピー - 変数値コピー

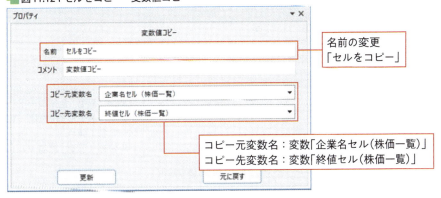

コピー元変数名：変数「企業名セル(株価一覧)」
コピー先変数名：変数「終値セル(株価一覧)」

ノード - 変数 - 変数値コピー

図11.125 書き込みセルを作成 - 文字列置換

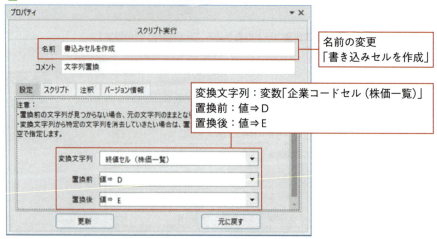

名前の変更
「書き込みセルを作成」

変換文字列：変数「企業コードセル（株価一覧）」
置換前：値⇒D
置換後：値⇒E

ライブラリ - 07_文字列操作 - 01_変換・整形 - 文字列置換

図11.126 終値の書き込み -Excel操作(値の設定)

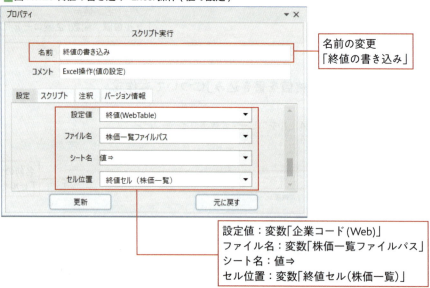

名前の変更
「終値の書き込み」

設定値：変数「企業コード(Web)」
ファイル名：変数「株価一覧ファイルパス」
シート名：値⇒
セル位置：変数「終値セル（株価一覧）」

ライブラリ − 18_Excel関連 Excel操作(値の設定)

❻ 完成したグループ

図11.127 完成グループ

11-6-4 これまで完成したシナリオ

図11.128 これまで完成したシナリオ

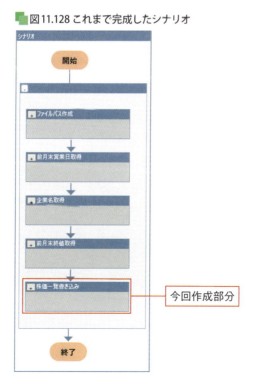

今回作成部分

11-7 課題⑥繰り返し処理

課題③〜⑤で作成した部分を繰り返し処理します。Excelから取得する「名称」（企業名）が空白の場合は繰り返しを終了します。

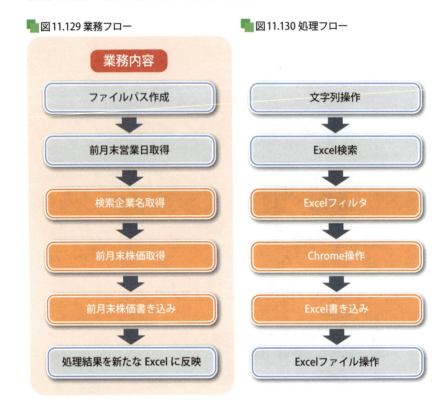

■図11.129 業務フロー　　■図11.130 処理フロー

11-7-1 完成イメージ

🟩 図11.131 完成イメージ

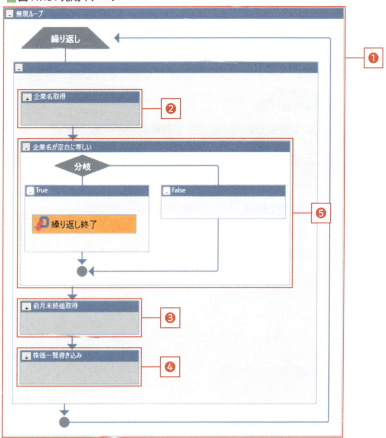

❶ 繰り返し処理（無限ループ）

❷ 課題③

❸ 課題④

❹ 課題⑤

❺ 無限ループ終了の条件分岐

11-7-2 繰り返し処理

❶ 使用するノード
以下のノードをフローチャートに設定しグループの名前を変更します。

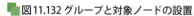

■ 図11.132 グループと対象ノードの設置

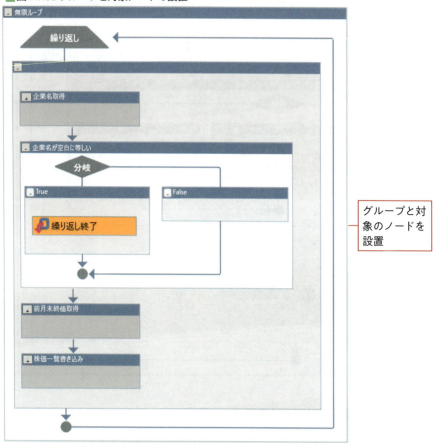

ノード・ライブラリ名	場所
繰り返し	ノード - フロー
分岐	ノード - フロー
繰り返し終了	ノード - フロー

❷ 繰り返し処理

📗 図11.133 無限ループ - 繰り返しグループ

ノード - フロー — 繰り返しグループ

📗 図11.134 無限ループ - 繰り返しグループ - 条件式

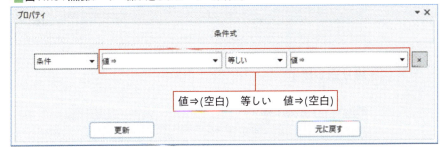

❸ 名称が空白の場合の条件分岐

◾図11.135 企業名が空白に等しい - 分岐グループ

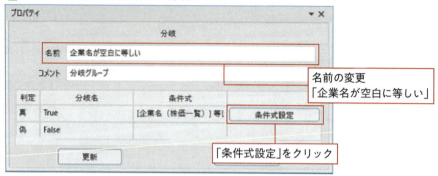

ノード - フロー - 分岐

◾図11.136 企業名が空白に等しい - 分岐グループ - 条件式

❹ 繰り返し終了

◾図11.137 繰り返し終了

❺ 完成したグループ

🟩 図11.138 完成グループ

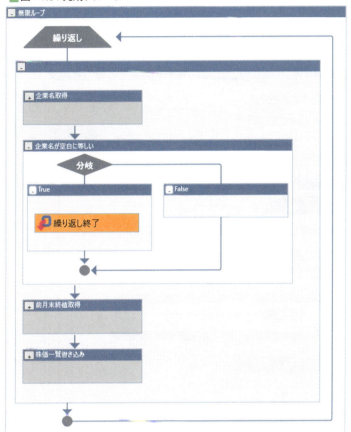

11-7-3 これまで完成したシナリオ

図11.139 これまで完成したシナリオ

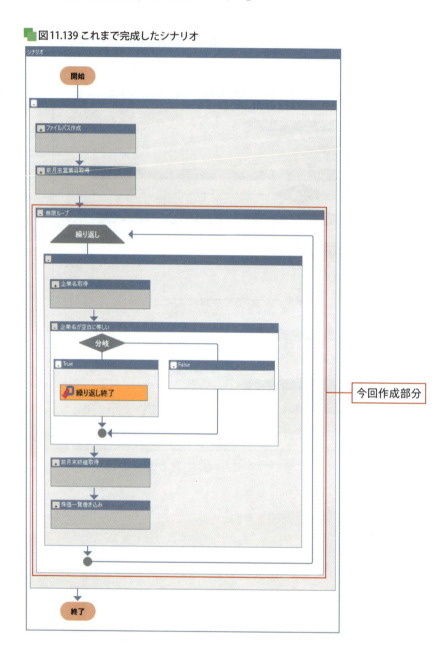

11-8 課題⑦ Excelファイルの保存

「株価一覧」ファイルの再度フィルタし新たに「株価一覧_yyyymmdd」ファイル名で保存します。

図11.140 業務フロー　　図11.141 処理フロー

11-8-1 完成イメージ

図11.142 完成イメージ

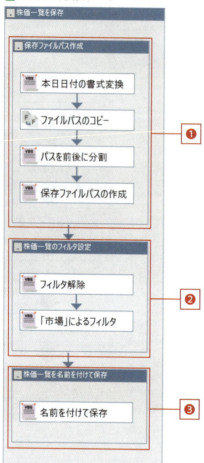

❶ 保存ファイルパスの作成

❷ 株価一式のフィルタ設定

❸ 株価一覧を名前を付けて保存

11-8-2 株価一覧を名前を付けて保存

❶ 使用するノード
以下のノードをフローチャートに設定しグループの名前を変更します。

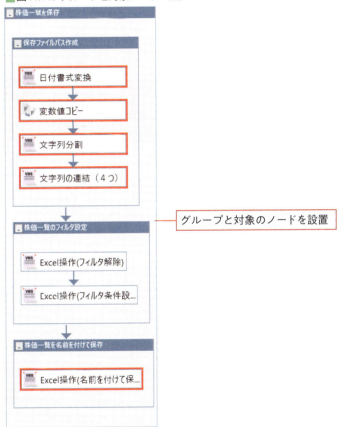

図11.143 グループと対象ノードの設置

ノード・ライブラリ名	場所
日付書式変換	ライブラリ - 08.日付関連
変数値コピー	ノード - 変数
文字列分割	ライブラリ - 07.文字列操作 - 02.切り出し・分割
文字列の連結（4つ）	ライブラリ - 07.文字列操作 - 03.連結
Excel操作(フィルタ解除)	ライブラリ - 18.Excel関連 - 10.フィルタ操作
Excel操作(フィルタ条件設定)	ライブラリ-18.Excel関連-10.フィルタ操作
Excel操作(名前を付けて保存)	ライブラリ - 18.Excel関連 - 01.ファイル操作

❷ 本日日付の書式変換

図11.144 本日日付の書式変換 - 日付書式変換

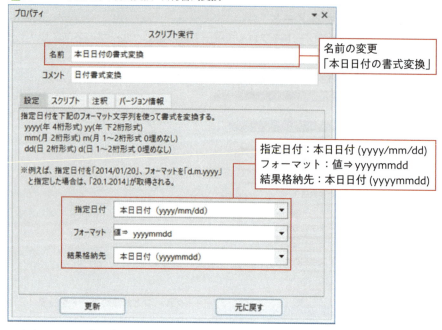

ライブラリ - 08.日付関連 - 日付書式変換

❸ ファイルパスのコピー

図11.145 ファイルパスコピー - 変数値コピー

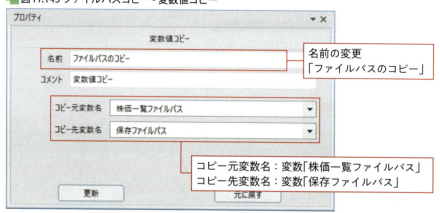

ノード - 変数 - 変数値コピー

❹ パスを前後に分割

■ 図11.146 パスを前後に分割 – 文字列分割

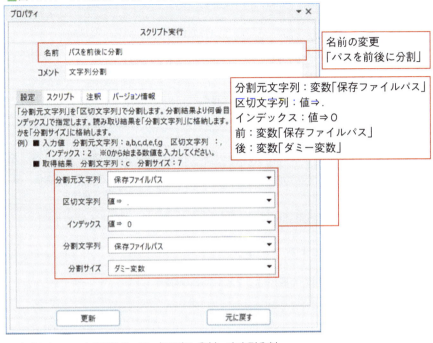

ライブラリ - 07_文字列操作 - 02_切り出し分割 – 文字列分割

❺ 保存ファイルパス作成

■ 図11.147 保存ファイルパス作成 - 文字列の連結（4つ）

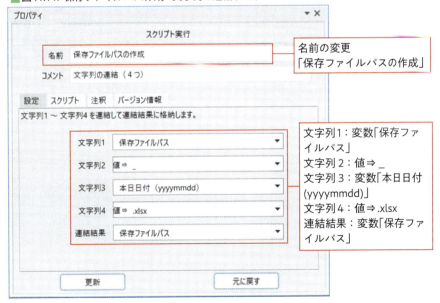

ライブラリ - 07_文字列操作 - 03_連結 - 文字列の連結（4つ）

❻ フィルタ解除

図11.148 フィルタ解除 - Excel操作

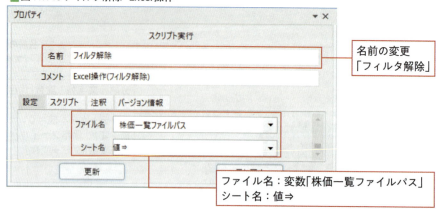

名前の変更
「フィルタ解除」

ファイル名：変数「株価一覧ファイルパス」
シート名：値⇒

ライブラリ - 18_ Excel関連 - 09_ フィルタ操作 — Excel操作（フィルタ解除）

❼ 「市場」によるフィルタ

図11.149 「市場」によるフィルタ -Excel操作

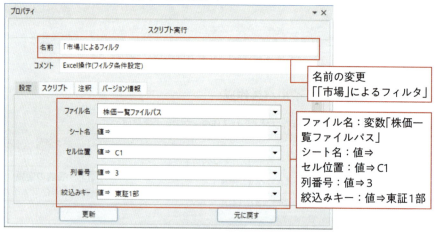

名前の変更
「「市場」によるフィルタ」

ファイル名：変数「株価一覧ファイルパス」
シート名：値⇒
セル位置：値⇒C1
列番号：値⇒3
絞込みキー：値⇒東証1部

ライブラリ - 18_Excel関連 - 10_フィルタ操作 - Excel操作（フィルタ条件設定）

❽ 名前を付けて保存

図11.150 名前を付けて保存 - - Excel 操作

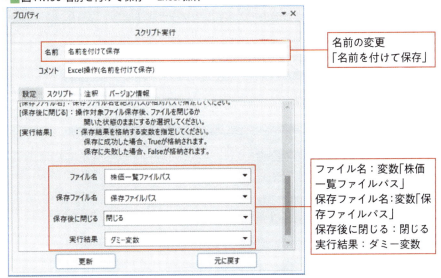

名前の変更
「名前を付けて保存」

ファイル名：変数「株価一覧ファイルパス」
保存ファイル名：変数「保存ファイルパス」
保存後に閉じる：閉じる
実行結果：ダミー変数

ライブラリ - 18_Excel関連 - 01_ファイル操作 - Excel操作（名前を付けて保存）

❾ 完成したグループ

図11.151 完成グループ

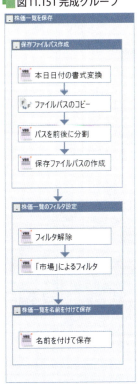

第11章 総合演習

11-8-3 これまで完成したシナリオ

作成した「株価一覧を保存」グループを「無限ループ」グループの下に配置して完成です。不要なExcelファイルやブラウザを閉じて実行確認してみましょう。

図11.152 これまで完成したシナリオ

今回作成部分

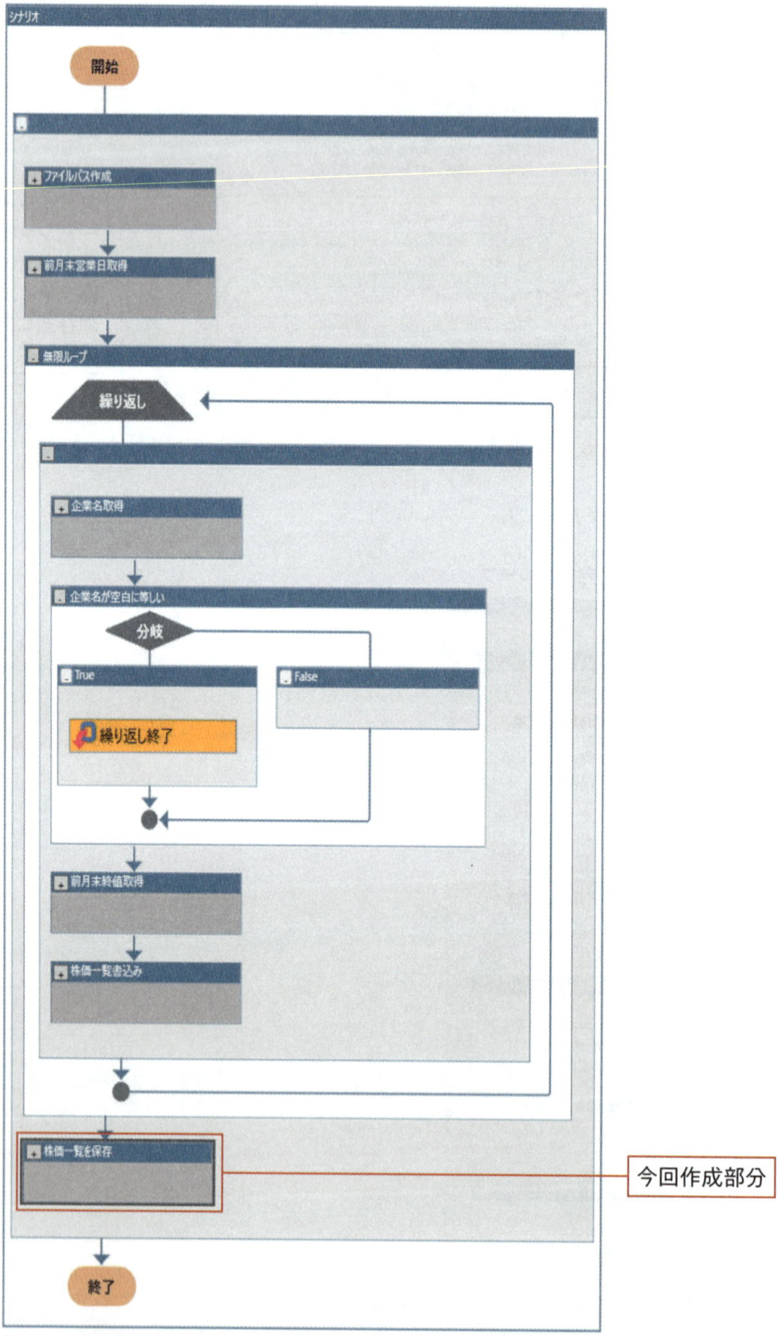

付録

Appendix 付録

FAQ

Q:画面ロック状態でWinActorの実行は可能ですか？

A:画面ロック状態ではウィンドウを識別することができなくなり実行できません。

Q:ノートPCを閉じた状態でシナリオを実行できますか？

A:ノートPCを閉じた状態でも画面ロックやスリープモードにならない場合はシナリオ実行可能です。

Q:PCのディスプレイの電源を消した状態でシナリオを実行することはできますか？

A:シナリオ実行可能です。

Q:同じバージョンのOSで64bit版と32bit版で差がありますか？

A: 64bit版と32bit版とでWinActorの動作の差はありません。

Q:OSの条件をみたしていれば仮想端末でも利用できますか？

A:実端末と同様に動作可能です。ただし、使用する仮想環境によっては、動作検証が必要になります。

Q:シナリオ作成PCと実行PCのOSのバージョンが相違していても正常に動作しますか？

A:画像マッチングやIE操作を行う処理がある場合は、OSごとの解像度の違いやIEのバージョンによって、シナリオの微調整が必要になります。

Q:記録モードで記録できないものはありますか？

A:Webページによって、CSSやJavaScriptで作成されているものはWinActorで認識することができません。

Q：**どのような時に自動記録アクションを使用しますか？**

A：マウスクリックや文字入力等の単純操作が何度も続く場合は、1つずつノードを配置するよりも自動記録で操作を記録したほうがシナリオを早く作成できます。

Q：**エミュレーションモードでショートカットを連続で処理したいのですが？**

A：ライブラリ「エミュレーション」を修正することで手動作成できますが、記録モードを使うと、より簡単にキー操作を記録できます。

Q：**日付取得の方法は？**

A：ノード「日時取得」を使うと処理日に日付、時間、もしくは両方を取得可能です。

Q：**シナリオのショートカットの作成方法は？**

A：メニューバーの「ツール」から「起動ショートカット作成」を選択し、作成します。

Q：**WinActor の起動PW を設置できますか？**

A：メニューバーの「ツール」、「起動パスワード」から設定することが可能です。

Q：**変数は何文字まで代入できますか？**

A：変数は、1024 文字を超えるデータを保持できません。「初期値」「現在値」は、1024文字以下のデータを設定するようにしてください。ただし、シナリオ情報の「変数値の文字数を制限する」のチェックをOFF にすることで文字数制限を解除することができます。

Q：**他のシナリオの一部を使用できますか？**

A：他のシナリオをインポートすることにより他のシナリオの部品を使用可能です。また、Ver7以上であれば複数シナリオを表示できるので別のシナリオで使用しているノード・ライブラリをコピー＆ペーストして使用することも可能です。

Appendix 付録

Q：**WinActor を停止するショートカットキーはありますか？**

A: WinActor のシナリオを制御するショートカットは以下の3方法が設定できます。

- Ctrl + Alt + U：停止
- Ctrl + Alt + M：一時停止
- Ctrl + Alt + S：ループ完了後一時停止

Q：**ノードの Excel 処理が正常に動作しないのですが？**

A: ノードの Excel 操作とライブラリのノードを併用すると Excel が重複して開いたり、正しい処理がされなかったりする場合があります。Excel の処理はライブラリの Excel 関連を使用することを推奨します。

Q：**WinActor が画面から消えてしまいました。どうしたらいいですか？**

A: 画面右下のタスクトレイの中を確認してみましょう。

Q：**フローチャートをファイルに保存することは可能ですか？**

A: 「シナリオ編集エリア」の「フローチャート画像出力」をクリックすることで「png」ファイルで保存することができます。

Q：**一部のノードの処理を抑止することは可能ですか？**

A: 対象のノードを選択し、「右クリック」後に「抑止実行」でできます。抑止されたノードはシナリオ実行しても動作しません。

Q：**データ一覧の立ち上げと同時にデータをインポートすることは可能ですか？**

A: WinActor 起動ショートカットで、シナリオ立ち上げとデータインポートを同時に行うことが可能です。

FAQ

Q:特定の時間にシナリオを実行することは可能ですか？

A:シナリオでWinActor起動ショートカットを作成し、PCのタスクマネージャーで
ショートカットの起動設定をすることで可能です。

**Q:データ一覧を使うシナリオで、最初もしくは最後のデータのみ処理を
行うことはできますか？**

A:ライブラリ「ループの最初で分岐」「ループの最後で分岐」で行うことができます。

Q:データ一覧のファイルパスを取得することはできますか？

A:ライブラリ「データ一覧ファイル名取得」で取得することができます。

Q:日付の曜日を取得したいのですが？

A:ライブラリ「曜日判定」で取得することができます。

Q:変数がどのノードに設定されているか調べる方法はありますか？

A:機能編集エリアの「変数一覧」から「変数参照ツリー」をクリックして参照できま
す。

**Q:シナリオ①からシナリオ②を呼び出したい（シナリオ①が終了したら自
動的にシナリオ②を実行したい）のですが？**

A:ライブラリ「シナリオGoto」で別のシナリオを呼び出すことができます。

Q:ログ出力画面に特定の変数の値を出力することは可能ですか？

A:ライブラリ「ログメッセージ出力」シナリオに入れることによりログへ出力するこ
とができます。

Q:シナリオ終了後にWinActorを終了することは可能ですか？

A:ライブラリ「WinActor終了」をシナリオの最後にいれることで終了することが可
能です。

Appendix 付録

各種サンプル

下記URLからDLできます。皆さまのRPA推進にご活用ください。

https://ms-rpa.jp/winactor_books/

シナリオサンプル

- 第5章シナリオ
- 第6章シナリオ
- 第7章シナリオ
- 第11章シナリオ

ドキュメントサンプル

- RPA開発計画書フォーマット

比較演算子一覧

No	演算子	説明
1	等しい	文字列として値1と値2が等しいか比較する場合に選択します。
2	等しくない	文字列として値1と値2が等しくないか比較する場合に選択します。
3	=	数値(整数)として値1と値2が等しいか比較する場合に選択します。
4	≠	数値(整数)として値1と値2が等しくないか比較する場合に選択します。
5	>	数値として値1が値2より大きいか比較する場合に選択します。
6	<	数値として値1が値2より小さいか比較する場合に選択します。
7	≧	数値として値1が値2以上か比較する場合に選択します。
8	≦	数値として値1が値2以下か比較する場合に選択します。
9	がTrue	値1が真であるか比較する場合に選択します。※値2は選択不可になります。
10	がfalse	値1が偽であるか比較する場合に選択します。※値2は選択不可になります。
11	等しい (曖昧)	文字列として値1と値2が等しいか比較する場合に選択します。※カナや英数字記号の全角/半角、英字の大文字/小文字の違いがあっても等しいと判定します。
12	正規表現	値1が値2で設定される正規表現に一致するか比較する場合に選択します。参考例については、「表9.4-1正規表現の入力例」を参照してください。

Appendix 付録

正規表現

代表的な正規表現構文

No	文字	内容
1	*	0回以上
2	+	1回以上
3	{n}	n回
4	.	任意の文字
5	^	行先頭
6	$	行の末尾
7	[a-z]	小文字の英字
8	[^a-z]	小文字の英字以外
9	[A-Z]	大文字の英字
10	[a-zA-Z]	a-z または A-Z(範囲)
11	[0-9]	数字

正規表現の入力例

No	正規表現	内容
1	^(ABC).*$	「ABC」から始まる文字列かどうかを判別します。
2	.*(ABC)$	「ABC」で終わる文字列かどうかを判別します。
3	.*(ABC).*$	ABCを含む文字列かどうかを判別します。
4	^[0-9]+$	半角数字のみの文字列かどうかを判別します。
5	^[^0-9]*$	半角数字以外の文字列かどうかを判別します。
6	^[A-Za-z]+$	半角英字のみの文字列かどうかを判別します。

正規表現のフォーマットはjava.until.regex.Patternクラスに準じます。
詳細なフォーマットについては下記のURLを参照してください。

Pattern(JavaplatformSE8)

https://docs.oracle.com/javase/jp/8/docs/api/java/util/regex/Pattern.html

特殊変数一覧

No	分類	変数名	値の種類	R/W	説明
1	経過時間	$ELAPSED_TIME	整数値	R	実行時の経過時間（秒）
2	実行モード	$IS_PARTIAL_EXEC	真偽値	R	実行モードの判定用 全体実行時：false 部分実行時：true ここから実行時：true
3	データ一覧 利用	$DATALIST-USING	真偽値	R	データ一覧使用の判定用。データ一覧で一行以上のデータがチェックされており、全体実行されている場合にtrue、それ以外はfalse。 ※falseの場合は変数の初期値を使って実行されている。
4	ループ実行 実行数	$LOOP_NUM	整数値	R	連続実行の原罪の実行回数(1〜)
5	ループ実行 全体数	$LOOP_MAX	整数値	R	連続実行の予定されている全ループ回数
6	ループ実行 初回	$IS_FIRST_LOOP	真偽値	R	最初のループが実行中かを表す真偽値
7	ループ実行 最終回	$IS_LAST_LOOP	真偽値	R	最後のループが実行中かを表す真偽値
8	誤動作防止 モード	$DETECT_USER_ OPERATION	真偽値	R/W	「予期せぬマウス/キーボード操作による一時停止」が有効か否かを表す真偽値 ※オプション画面の「予期せぬマウス/キーボード操作による一時停止」の設定をシナリオ実行時に変更できる。
9	データ一覧 行番号	$DATALIST- CURRENT_LINE	整数値	R	実行中のデータリストの行番号
10	データ一覧 先頭番号	$DATALIST-FIRST_ LINE	整数値	R	データリストの最初の行番号
11	データ一覧 末尾番号	$DATALIST-LAST_ LINE	整数値	R	データリストの最後の行番号
12	データ一覧 ファイルパス	$DATALIST-FILE	文字列	R	データ一覧で開いているExcelファイルやCSVファイルのファイルパス

13	データ一覧 フォルダ	$DATALISTFOLDER	文字列	R	データ一覧で開いているExcelファイルやCSVファイルの格納フォルダ
14	データ一覧 データソース	$DATALISTDBNAME	文字列	R	データ一覧でDB連携しているデータソース名
15	シナリオ フォルダパス	$SCENARIO-FILE	文字列	R	シナリオファイルのファイルパス
16	シナリオ フォルダ	$SCENARIO-FOLDER	文字列	R	シナリオファイルの格納フォルダ
17	実行速度	$SLOWEXECUTION-VALUE	整数値	R/W	シナリオの実行速度を調整。実行する各ノードの前に待機時間を設ける。設定した値×0.1秒ずつ待機時間が増える(0〜10が設定できる範囲)。
18	サブルーチン呼び出し情報	$SUBROUTINE-INVOKE_ACTION_ID	整数値	R	サブルーチンを呼び出したノードのノードID。サブルーチン以外では、「-1」。
19	エラーノード名	$ERROR_NODE_NAME	文字列	R/W	エラー発生箇所のノード名 このエラー情報をクリアする場合は、変数に空を設定してください。
20	エラーノードID	$ERROR_NODE_ID	文字列	R/W	エラー発生箇所のノードID このエラー情報をクリアする場合は、変数に空を設定してください。
21	エラーメッセージ	$ERROR_MESSAGE	文字列	R/W	エラーメッセージ このエラー情報をクリアする場合は、変数に空を設定してください。
22	エラー発生シナリオファイル	$ERROR_SCENARIO	文字列	R/W	エラーの発生元となったシナリオのシナリオファイルパス このエラー情報をクリアする場合は、変数に空を設定してください。
23	マッチング位置	$IMAGE_MATCH-MOUSE_POS	文字列	R/W	マウス操作を実施する位置「x座標、y座標」 画像マッチングに失敗した場合は空となる。

24	マシン情報	$OS_BIT	文字列	R	64bit環境で動作時は64、32bit環境で動作時は32を格納します。
25	バージョン番号	$WINACTOR_VERSION	文字列	R	WinActorのバージョン番号（例7.1.0）
26	ライセンス種別	$WINACTOR_EDITION	文字列	R	「フル機能版」「実行版」などのライセンス種別
27	ファイルパス解決	$PARSE_FILE_PATH	文字列	R/W	パス名を設定すると、パス解決後のパス名を読み出せます。パス解決に失敗した時は、空文字列にあります。
28	ファイルパス解決方法	$FILE_PATH_TYPE	整数値	R/W	$PARSE_FILE_PATHでのパス解決の方法を指定します（下表参照）。
29	共通タイムアウト	$WINACTOR_TIMEOUT	整数値	R	オプション画面で設定されたタイムアウト値
30	シナリオ別タイムアウト	$SCENARIO_TIMEOUT	整数値	R	シナリオ情報画面で設定されたタイムアウト値

$FILE_PATH_TYPEの設定値

値	説明
0,10	ドライブ名・パス名の補完なし
1,11	補完あり、指定したファイルの存在を確認
2,12	補完あり、指定したファイルを含むフォルダの存在を確認
3,13	補完あり、指定したフォルダの存在を確認
4,14	補完あり、ファイル・フォルダの存在確認なし

※0〜4はローカルパス・UNCパス・http/httpsを許容
※10〜14はローカルパス・UNCパスのみ許容
※初期値は0

Appendix 付録

役立つショートカットキー

No	ショートカット	内容
1	Ctrl + Alt + U	実行中のシナリオを強制的に停止します。
2	Ctrl + Alt + M	実行中のシナリオを一時停止します。 停止した地点から再度シナリオを実行することができます。
3	Ctrl + F	検索ボックスを選択する。
4	Ctrl + A	ドキュメント内またはウィンドウ内の全ての項目を選択する。
5	Ctrl + C	選択した項目をコピーする。
6	Ctrl + V	クリップボードを張り付ける。
7	Alt + F4	作業中のウィンドウを閉じる。
8	Alt + ←	前に戻る。
9	Alt + →	次に進む。
10	Windowsキー + E	エクスプローラーを開く。
11	Windowsキー + R	[ファイル名を指定して実行]ダイアログボックスを開く。
12	Windowsキー + S	検索を開く。
13	Windowsキー + ↑	ウィンドウを最大化する。
14	Tab	前方のオプションへ移動する。
15	Shift + Tab	後方のオプションへ移動する。
16	Ctrl + Tab	前方のタブへ移動する。
17	Ctrl +Shift + Tab	後方のタブへ移動する。
18	Ctrl + 0	Edgeの倍率を100%にする。
19	Ctrl + -	Edgeの倍率を下げる。
20	Ctrl + +	Edgeの倍率を上げる。

索引

アルファベット

APIキー 277
BPR 13
CA 5
class 171
CR 247
CRLF 247
DevOps 38
EPA 4
Excel操作(値の取得2) 152,155
Excel操作(値の設定) 369
Excel操作(値の設定2) 155
Excel操作(上書き保存) 163
Excel操作(カーソル位置の読み取り) 335,339
Excel操作(カーソル移動) 335,337
Excel操作(最終行取得 その1) 157
Excel操作(名前を付けて保存) 383,387
Excel操作(フィルタ解除) 383,386
Excel操作(フィルタ条件設定) 335,386
Excel操作(保存なしで閉じる) 323,327
frame 171
HTML 169
id 171
iframe 171
LF 247
name 171
OCRマッチング 272
OpenAI 276
PageDown 235,239
PoC 21,25
RPA 2,4
tag 169
text 170
type 171
WebDriver 130
WinActor 52
WinActor Brain Cloud Library 269
WinActorEye 268
WinActor Manager on Cloud 60
WinActor Scenario Script 275
WinActor Storyboard 274
WinActorノート 256
WinDirector 60
Xpath 173,180,358

あ行

アジャイル 38
値の取得 168,351
値の設定 114,348
アプリケーション .229
異常系 42,188
インターフェース 68
インプットボックス 136,137,225
ウィンドウ最大化 .104
ウィンドウ識別名 82
ウィンドウ識別ルール 136,143
ウォーターフォール開発 39
運用 45
エクスポート 204
エミュレーション .105
エミュレーションモード 68,391
エラー 42,188
エラー情報収集 86,90,195

か行

カウントアップ 159,357
拡張機能 98,130
画像マッチング 67,96,121,201,234
括弧書きの内側を取り出す 246
画面キャプチャ 91
監視ルール 190
監視ルール一覧 192
キーエミュレーション 107
キーボード 69,106
キャリッジリターン 247
キャリッジリターン/ラインフィード 247
クライアント型 9,52
繰り返し 77,150,156,203,208,374
繰り返し終了 208,376
繰り返し処理 150,156,374
クリック .98,348,354
クリップボード 107,181
コマンド実行 230

さ行

サーバー型 9,52
再実行 48
サブルーチン 75,208
下スクロール 234

401

自動記録アクション 168,172,391
シナリオ 40,64,74
シナリオ開発計画 35
シナリオ作成ガイド 287
条件分岐 35,139
初期処理 87
ジョブ 46
スクリプト 265
ステップ実行 204,207
スロー実行 212
正規表現 218,260,353,395,396
正常系 42,188
生成AI 276,282
設定ファイル 81
全角化/半角化 203,357
全体テスト 47
操作の記録 96,107

た行

チャット応答取得 284
定数 80
データ一覧 211,240
テーブルスクレイピングライブラリ 273
デスクトップ 229
デスクトップフォルダのファイルパス 313
テスト環境 47
テスト実行 47
テストデータ 47
デバッグ 201
デベロッパーツール 173
特殊変数 211
トランザクション 47
トリミング 203,357

な行

日時取得 88,319
ノード 52,75
ノードID 204
ノードロックライセンス 55,57

は行

バックアップ 48
比較演算子 395
日付書式変換 322,330,383
表の値取得 356
ファシリティ 12
ブラウザ起動 346

ブラウザクローズ 364
ブラウザ名 169
ブレイクポイント 204
フローチャート 31
フローティングライセンス 55,57
プロパティ 66
プロンプト 282
分岐 77,136,203,208,243,323
ページ表示 103,346
変数 69,78
変数一覧 71
変数参照ツリー 84
変数値コピー 369,383
変数値設定 141,352
変数値保存 93
変数の外だし 81
保守 45
本番環境 47
本番データ 47

ま行

マッチ率 123,204
ミッションクリティカル 23
無限ループ 219,375
メール管理 214
メイン処理 90
文字列切り出し(先頭何文字分) 319
文字列設定 96,114
文字列置換 369
文字列の連結 78
文字列を前後に分割 247

や行

ユーザーファイル 227

ら行

ライブラリ 52,75
ラインフィード 247
リカバリ 48
リスト選択 96
リストボックス 267
履歴 48
ルーチンワーク 6
例外処理 87,188
ログ 207
ログイン 223
ログ出力 208

著者紹介

藤田 伸一（ふじた・しんいち）

大学卒業後、ヤマハ発動機株式会社に入社。ランドモビリティ事業とロボティクス事業に従事。デジタルツーカーに転職。経営統合によりソフトバンク株式会社へ入社。モバイル事業を経て2018年よりSBモバイルサービス株式会社にてRPAを中心としたDX事業に従事。現在に至る。

石毛 博之（いしげ・ひろゆき）

大学卒業後、ソフトバンクモバイル株式会社（現：ソフトバンク株式会社）に入社。カスタマーセンターにてスマートフォン及びブロードバンドのお客様対応、オペレーション管理業務に従事。その後、ブロードバンドの営業支援部署にて実績レポート作成や販売支援企画推進の経験を経て、RPA事業の推進に参画。現在はSBモバイルサービス株式会社にてRPAツールの販売、RPAシナリオ開発の営業支援及びWinActor研修講師を担当。

横田 将一（よこた・ゆきひと）

ソフトバンクモバイル株式会社に入社し、コンタクトセンターの管理業務に従事。その後、ソフトバンクモバイルサービス株式会社（現：SBモバイルサービス株式会社）創業時に転籍。アナリストチームに従事し、コンタクトセンターの各種実績の分析を担当。その時にRPAを知り、ユーザーとしてRPAを利用した業務効率化に取り組む。RPAの利用ユーザーの経験を経て、RPA事業の立ち上げに伴い異動。RPAの導入支援を行い、現在に至る。

山下 真智子（やました・まちこ）

SBモバイルサービス株式会社入社後、RPAエンジニアとして開発・保守業務に従事。現在はセミナー講師や社内外を問わずエンジニア育成も務める。

⚠**本書のサポートページ**
https://www.shuwasystem.co.jp/support/7980html/7219.html

⚠**本書で紹介しているソフトウェアのバージョンやURL、メニュー名などの仕様は、2024年9月末現在のもので、その後変更される可能性があります。**

■カバーデザイン
　高橋　康明

Ver.7.5対応　徹底解説RPAツール
WinActor導入・応用完全ガイド

発行日　2024年 10月27日　　　　第1版第1刷

監　修　NTTアドバンステクノロジ株式会社
著　者　SBモバイルサービス株式会社
　　　　藤田　伸一／石毛　博之／横田　将一／
　　　　山下　真智子

発行者　斉藤　和邦
発行所　株式会社　秀和システム
　　　　〒135-0016
　　　　東京都江東区東陽2-4-2　新宮ビル2F
　　　　Tel 03-6264-3105（販売）　Fax 03-6264-3094
印刷所　株式会社シナノ

©2024 Shinichi Fujita, Hiroyuki Ishige, Yukihito Yokota,
　　　Machiko Yamashita　　　　　　　　　　Printed in Japan
ISBN978-4-7980-7219-7 C3055

定価はカバーに表示してあります。
乱丁本・落丁本はお取りかえいたします。
本書に関するご質問については、ご質問の内容と住所、氏名、
電話番号を明記のうえ、当社編集部宛FAXまたは書面にてお
送りください。お電話によるご質問は受け付けておりませんの
であらかじめご了承ください。